改訂版

# 小学校6年間の算数が1冊でしっかりわかる問題集

東大卒プロ算数講師
**小杉拓也**

かんき出版

# はじめに
## 算数の実力をつける問題集の決定版！

　本書を手に取っていただき、誠にありがとうございます。

　この本は、1冊で小学校6年分の算数をゼロからしっかり理解するための問題集（2020年度からの新学習指導要領に対応した改訂版）で、主に次の方を対象にしています。

① お子さんと問題を解きながら、算数を上手に教えたいお父さん、お母さん
② 復習や予習をしたい小学生や中学生
③ 学び直しや頭の体操をしたい大人

　ベストセラーとなった『小学校6年間の算数が1冊でしっかりわかる本』の読者の方はもちろん、はじめて手に取ってくださった方でも、実際に問題を解きながら、小学校6年分の算数をゼロからしっかり理解することができます。

　この問題集を執筆したきっかけは、『小学校6年間の算数が1冊でしっかりわかる本』の読者の方からの「問題をもっと解きたくなった！」という声でした。確かに算数は、手を動かして問題を解いてこそ、理解がさらに深まり、身についていく科目です。そこで、「実際に問題を解きながら、算数をゼロから理解できる最高の問題集」を作ることにしたのです。

　「算数の実力をつける問題集の決定版」を皆さんにお届けするために、本書では、7つの強みを独自の特長として備えています。

| その1 | 3ステップで基礎力から応用力まで身につく！ |
| その2 | 各項目に お子さんに教えたいアドバイス！ を掲載！ |
| その3 | 親子の学習の心強い味方！　新学習指導要領にも対応！ |
| その4 | 「3ステップ→まとめテスト→復習」の反復学習で成績アップ！ |
| その5 | 巻末に「学校では教えてくれない！算数裏ワザ集」と「意味つき索引」を掲載！ |
| その6 | 切り離せる別冊解答の解説が見やすくて詳しい！ |
| その7 | 小学1年生で習う「たし算、引き算」から掲載！ |

# 『改訂版 小学校６年間の算数が１冊でしっかりわかる問題集』の７つの強み

### その1 ３ステップで基礎力から応用力まで身につく！

「子どもがつまずくことなく、算数を得意にするにはどうすればいいの？」

　多くのお父さん、お母さんがこうした疑問をお持ちでしょう。子どもに教えるときに大切なのは「かんたんな例から教えて、少しずつ応用に入る」こと。そこで本書は、すべての項目を次の３ステップで構成しました。これにより、基礎力から応用力まで無理なく伸ばせます。

┌─ 理解が深まる３ステップ ─
ステップ1　ためしてみよう！　　各単元の基礎を、穴うめ問題を解きながら理解する
ステップ2　解いてみよう！　　　自力で問題を解いて、基礎力を身につける
ステップ3　チャレンジしてみよう！　考える問題にチャレンジして、応用力を身につける

### その2 各項目に お子さんに教えたいアドバイス！ を掲載！

　この本は、ただの問題集ではありません。「コツやポイントを、親子で学びながら解いていける」問題集です。具体的にいうと、お子さんが問題を解くときに、お父さん、お母さんからぜひ教えてあげてほしい内容を お子さんに教えたいアドバイス！ として、すべての項目に掲載しました。ここには、お父さん、お母さん、お子さんだけでなく、算数の学び直しをする大人にとっても役立つ内容がぎっしりつまっています。

### その3 親子の学習の心強い味方！　新学習指導要領にも対応！

「家庭でしっかり学習する生徒ほど、算数の正答率が高い傾向がある」という調査結果があります（文部科学省「全国学力・学習状況調査の結果」より）。

　多くの生徒と接してきた私の経験からも、それは間違いないと断言できます。とはいえ、子どもが一人で学習できる力は限られています。家庭学習では、お父さんやお母さんの手助けが不可欠です。とくに問題を解いた後の答え合わせや、間違えたところの解説は、大人の協力が必要となります。家庭学習を習慣づけるために、本書が心強い存在になるでしょう。

　また、2020年度からの新学習指導要領では、ドットプロットという用語や、それまで中学数学の範囲だった代表値、階級などの用語が、小学算数の範囲である「データの調べかた」の単元に加わりました。本書では、これらの新たな範囲もしっかり解説しています。

「3ステップ→まとめテスト→復習」の反復学習で成績アップ！

　算数は、反復が大切な教科です。くりかえし学習することで、子どもの理解が定着し、算数の力が伸びていきます。

　本書では、その1 に書いた3つのステップに加え、それぞれの章末に「まとめテスト」を掲載しました。そこで間違えた単元を反復学習することで、苦手分野をなくし、成績を上げていくことができます。また、150ページには、仕上げの『総まとめチャレンジテスト』も掲載しています。最後に、しっかり理解できたかどうか力試ししてみるとよいでしょう。

その5 巻末に「学校では教えてくれない！算数裏ワザ集」と「意味つき索引」を掲載！

　巻末ふろくとして、「学校では教えてくれない！算数裏ワザ集」を載せています。知っておくと勉強やテストで役に立つ、そんな算数の裏ワザを紹介しています。

　また、算数の学習では、用語の意味をおさえることがとても大事です。用語の意味が気になったとき、いつでも意味を調べられるよう巻末に「意味つき索引」もつけています。

その6 切り離せる別冊解答の解説が見やすくて詳しい！

　別冊解答の解説は、できる限り詳しく、わかりやすくなるように工夫しました。途中式もしっかり載せており、自分がどこで間違えたか、どう直せばいいか、すぐにわかるはずです。また、本書の別冊解答は切り離して使えます。しかも、元のページを縮小して解説と解答を載せているため、答え合わせがとてもしやすいつくりとなっています。

その7 小学1年生で習う「たし算、引き算」から掲載！

　小学1年生で習う「7＋5＝」という問題を、お子さんにどう教えますか？
　図をかく、おはじきを使う、指を使う…など、さまざまな教えかたがありますが、一番わかりやすい方法で教えてあげたいと思うのが、親心でしょう。そこで本書では、「子どもが一番理解しやすい教えかた」を厳選し、1年生で習うたし算、引き算から掲載しています。
　また本書は、『改訂版 小学校6年間の算数が1冊でしっかりわかる本』と全59項目が完全にリンクしています。ですから、『しっかりわかる本』でまず基礎を理解して、本書で問題を解きながら、理解力や得点力を高めていくのも、おすすめの使いかたです。

# 本書の使いかた

**1** 各章で学ぶ分野です

**2** この見開き2ページで学ぶ項目です

**3** 公立小学校の教科書をもとにした、各項目を習う学年※です

**4** 各項目の問題を解いていく上での一番のポイントです

**5** 各項目の問題を解く上で、お子さんにぜひ教えたいポイントです。学校では教えてもらえない、さまざまなコツを載せています

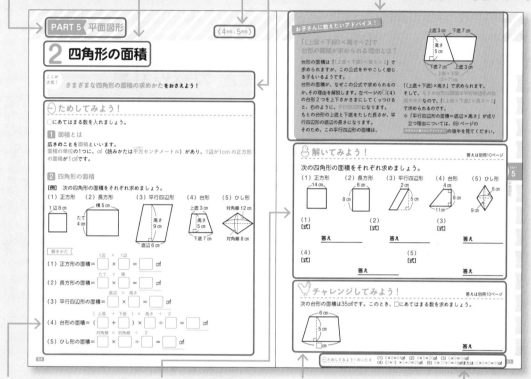

**6** 各項目についての解説と例題です。単元の基礎を、穴うめ問題を解きながら理解しましょう

**7** 自力で実際に問題を解いて、基礎力を身につけましょう

**8** 考える問題にチャレンジして、応用力を身につけましょう

**9** 左ページのためしてみよう！の答えです

※「2年生、4年生」なら、2年生と4年生で習うことを表します。
「2年生〜4年生」なら、2年生、3年生、4年生で習うことを表します。

## 問題の答えと解きかたは、別冊解答を見て確認しましょう。

## 特典PDFのダウンロード方法

この本の特典として、教科書の発展レベルの項目「おうぎ形の弧の長さと面積」と「旅人算」の2つを、パソコンやスマートフォンからダウンロードすることができます。日常の学習に役立ててください。

**1** インターネットで下記のページにアクセス

パソコンから
URLを入力
https://kanki-pub.co.jp/pages/tksansumon/

スマートフォンから
QRコードを読み取る

**2** 入力フォームに、必要な情報を入力して送信すると、ダウンロードページのURLがメールで届く

**3** ダウンロードページを開き、ダウンロードをクリックして、パソコンまたはスマートフォンに保存

**4** ダウンロードしたデータをそのまま読むか、プリンターやコンビニのプリントサービスなどでプリントアウトする

# もくじ

# 1 整数のたし算

ここが大切！ 今の小学生は学校で、**さくらんぼ計算**を教わっている！

## ためしてみよう！

○と□にあてはまる数を入れましょう（同じ記号には、同じ数が入ります）。

### 1 くり上がりのあるたし算は「さくらんぼ計算」で解こう！

[例] 7 + 5 = □ 2けた

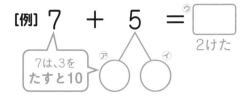

7は、3をたすと10　ア　イ

①5の下にさくらんぼをかき、5をアとイに分けて中に書く

②7とアをたして、10

③10とさくらんぼの残りのイをたして答えはウ

答え ウ□

### 2 たし算の筆算

[例] 36＋89

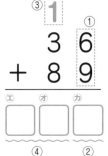

③ 1
　 3 ⑥ ①
＋ 8 ⑨
エ オ カ
④ ②

▶筆算のしかた

①一の位の6と9をたして、15

②15の一の位のカだけを下に書く

③15の十の位の1は、3の上に書く

④くり上げた1と、十の位の3と8をたしたエ オを下に書く

エ オ カ

答え エ オ カ

### 3 たし算の練習

▶ さくらんぼ計算

（1） 4 + 9 = □ ケ 2けた

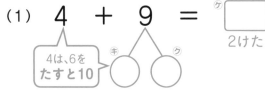

4は、6をたすと10　キ　ク

（2） 65 + 6 = □ シ 2けた

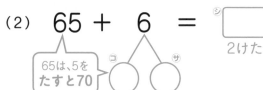

65は、5をたすと70　コ　サ

※整数……0、1、2、3、4、5…のような数
　和……たし算の答え。例えば、3と5の和は8

▶ たし算の筆算

（3） 73＋28

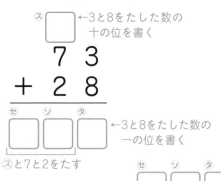

ス□←3と8をたした数の十の位を書く
　 7 3
＋ 2 8
セ ソ タ ←3と8をたした数の一の位を書く
スと7と2をたす

答え セ ソ タ

## 2ケタ＋2ケタのたし算も さくらんぼ計算で解ける！

現在、多くの小学生が学校で教わっているのが、この項目で習うさくらんぼ計算です。このさくらんぼ計算を使うと、右の【例】のように、2ケタ＋2ケタのたし算ができ、なれると暗算でも解けるようになります。

【例】 $45 + 76 = 121$

45は、5をたすと50   ⑤ ㉛

①76の下にさくらんぼをかき、76を5と71に分けて中に書く

②45と5をたして、50

③50とさくらんぼの残りの71をたして、答えは121

## 🐣 解いてみよう！

答えは別冊2ページ

**1** さくらんぼの中に数を書いて、答えを求めましょう。

(1) $9 + 8 =$

(2) $26 + 5 =$

(3) $84 + 59 =$

**2** 次の計算をしましょう。

(1)
$$\begin{array}{r} 19 \\ +32 \\ \hline \end{array}$$

(2)
$$\begin{array}{r} 205 \\ +\phantom{0}45 \\ \hline \end{array}$$

(3)
$$\begin{array}{r} 956 \\ +847 \\ \hline \end{array}$$

## 🐔 チャレンジしてみよう！

答えは別冊2ページ

次の計算をしましょう。

(1)
$$\begin{array}{r} 21 \\ 55 \\ +68 \\ \hline \end{array}$$

(2)
$$\begin{array}{r} 7028 \\ 6919 \\ +1357 \\ \hline \end{array}$$

# 2 整数の引き算

**ここが大切！** くり下がりのある引き算もさくらんぼ計算で解こう！

## ためしてみよう！

○と□にあてはまる数を入れましょう（同じ記号には、同じ数が入ります）。

### 1 くり下がりのある引き算

【例】 $15 - 9 = \boxed{}^{ウ}$

15は、5を引くと10 ㋐ ㋑

①9の下にさくらんぼをかき、9を㋐と㋑に分けて中に書く

②15から㋐を引いて10

③10から㋑を引いて㋒

答え □ウ

### 2 引き算の筆算

【例】 $41 - 23$

```
    3 ③
   4 1
 - 2 3
─────
   □  □
   ㋓  ㋔
   ④  ②
```

▶ 筆算のしかた

①一の位の1から3は引けない

②41の4から1をかりて、11−3＝㋔を下に書く

③41の4は1をかしたので、3になる

④十の位の3から2を引いた㋓を下に書く

答え □㋓ □㋔

## 3 引き算の練習

▶ さくらんぼ計算

（1） $12 - 7 = \boxed{}^{ク}$ 1けた

12は、2を引くと10 ㋕ ㋖

（2） $67 - 8 = \boxed{}^{サ}$ 2けた

67は、7を引くと60 ㋗ ㋘

※差……引き算の答え。例えば、8と3の差は5

▶ 引き算の筆算

（3） $83 - 19$

```
   ㋙
   8 3
 - 1 9
─────
  □ □
  ㋚ ㋛
```

←3から9は引けないので、8から1を引く（かりる）

㋙から→1を引く　←13から9を引く

答え □㋚ □㋛

お子さんに教えたいアドバイス！

## 1000から引く計算はコツがある！

1000 や 10000 などのきりのいい数から引く計算が苦手な子は多いです。なぜなら、下のように、くり下がりがややこしくなるからです。

**【例】** 1000−372＝

```
     9 9  ← くり下がりが
  1 0 0 0    ややこしい！
−   3 7 2
─────────
    6 2 8
```

一方、「1000 から引くこと」は「999 から引いて 1 をたすこと」と同じであることを利用すると、次のように、くり下がりがない計算になり、楽に解くことができます。

1000−372
＝999−372＋1   ← 999から引いて、1をたす
＝627＋1＝628

この計算法になれると、暗算でも解けるようになるので、ぜひ知っておきましょう。

## 🐣 解いてみよう！

答えは別冊2ページ

**1** さくらんぼの中に数を書いて答えを求めましょう。

(1) 11 − 3 ＝

(2) 83 − 7 ＝

(3) 155 − 9 ＝

**2** 次の計算をしましょう。

(1)
```
    5 2
−   3 6
```

(2)
```
    3 2 4
−     9 8
```

(3)
```
    8 5 3
−   6 9 4
```

## 🐔 チャレンジしてみよう！

答えは別冊2ページ

次の計算をしましょう。

(1)
```
   1 0 0 0 0
−      2 7 1 8
```

(2) 「10000−2718」を暗算で解く方法を考えてみましょう。

👉 ためしてみよう！のこたえ ■ ⑦5 ⑦4 ⑦6 ■ ①1 ⑦8 ■ (1) ⑦2 ⑦5 ⑦5
(2) ⑦7 ⑦1 ⑦59 (3) ⑦7 ⑦6 ⑦4

**11**

# 3 整数のかけ算

ここが大切！ **かけ算の筆算が楽にできる場合**がある！

## ためしてみよう！

□にあてはまる数を入れましょう（同じ記号には、同じ数が入ります）。

**1** かけ算の筆算のしかた（下の①〜③の順に解きましょう）

【例】 $83 \times 29$

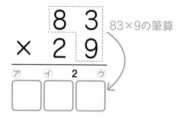

83×9の筆算

① まず、「83×9」の筆算をする。
「9×3＝27」の一の位の⑦を下に書く。27の十の位の2は、くり上げる。
「9×8＝72」の72に、くり上げた2をたした⑦⑦を下に書く。

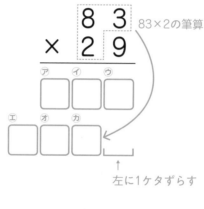

83×2の筆算

↑
左に1ケタずらす

② 次に、「83×2」の筆算をして、⑨⑩⑪を左に1ケタずらして書く。

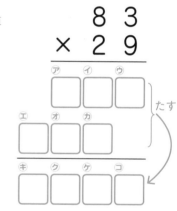

たす

③ 上下をたす。

答え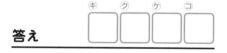

**2** かけ算の筆算の練習

（1）
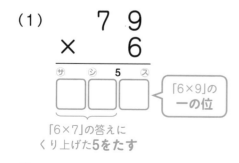

「6×9」の
一の位

「6×7」の答えに
くり上げた**5**をたす

（2）
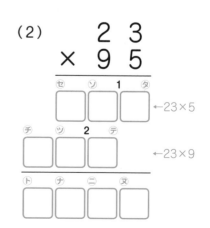

←23×5

←23×9

※積……かけ算の答え。例えば、2と3の積は6

## お子さんに教えたいアドバイス！

### かけ算の筆算が楽にできる場合とは？

例えば、「903 × 86」のように、十の位が 0 の 3 ケタの数をふくむかけ算は次のように筆算できます。

```
        9 0 3
    ×     8 6
 ②→ 5 4 1 8 ←①
④→ 7 2 2 4 ←③
    7 7 6 5 8
```

①には 6 × 3 の 18、②には 6 × 9 の 54、③には 8 × 3 の 24、④には 8 × 9 の 72 を書きます。

903 の十の位が 0 であり、0 に何をかけても 0 になるので、くり上がりがなく、このように楽に計算できるのです。このパターンの筆算がスムーズに解けることをおさえましょう。

## 🐣 解いてみよう！

答えは別冊2ページ

次の計算をしましょう。

（1）
```
    4 5
 ×   4
```

（2）
```
      7 6
 ×   8 2
```

（3）
```
      3 1 9
 ×      6 7
```

## 🐔 チャレンジしてみよう！

答えは別冊2ページ

1枚の重さが527g の板が384枚あります。384枚の板の重さは全部で何 g ですか。

[式]　　　　　　　　　　　　　　　　　　　　　　　[筆算]

答え _____

# 4 整数の割り算

ここが大切！

**割り算に出てくる4つの名前をおさえよう！**

$$17 \div 5 = 3 \text{ あまり } 2$$

↑　　　　↑　　　　↑　　　　　　↑
割られる数　割る数　　商　　　　あまり
　　　　　　　　　（割り算の答え）

## ためしてみよう！

□にあてはまる数を入れましょう（同じ記号には、同じ数が入ります）。

### 1 割り算の計算

[例]　$48 \div 6$

答えを☆とすると、「$48 \div 6 = $☆」となります。「$48 \div 6 = $☆」は、「48の中に6が☆こある」という意味なので、「$6 \times $☆$ = 48$」という式に変形できます。6に何をかけたら48になるか、九九の6の段を思いうかべながら考えると、☆は □ だとわかります。

答え □

### 2 割り算の筆算

[例]　$79 \div 3$ を計算しましょう。あまりが出るときはあまりも出しましょう。

解きかた

```
    ア    オ
   [  ][  ]
 3)  7  9
    イ
   [  ]
   ─────────
   ウ    エ
  [  ][  ]
   カ    キ
  [  ][  ]
   ─────────
        ク
       [  ]
```

①79の十の位の7を3で割った商をアに書く
　（$7 \div 3 = $ア あまり1）
②アと3をかけた数をイに書く
③7からイを引いた数をウに書く
④79の一の位の9をおろしてエに書く
⑤ウ エを3で割った商をオに書く
　（ウ エ $\div 3 = $オ あまり1）
⑥オと3をかけた数をカ キに書く
⑦ウ エからカ キを引いた数をクに書く

答え　　ア オ　　　　　　ク
　　　 [  ][  ] あまり [  ]

## 割り算の答えが正しいかどうか たしかめる方法

ここが大切！ で例としてあげている「17÷5 ＝3あまり2」の式の意味は「17の中に5 が3つあって、2があまる」ということです。 図に表すと次のようになります。

左下の図を見ればわかるように、「割る数 の5の3倍（3は商）に、あまりの2を たすと、割られる数の17になる」という ことです。つまり、下の式が成り立ちます。

割る数 × 商 ＋ あまり＝割られる数

$$5 \times 3 + 2 = 17$$

「17÷5」で「3あまり2」の答えが求め られた場合、「5×3＋2＝17」となり、 答えは正しいとわかります。一方、例えば 「3あまり1」の答えが求められたときは、 「5×3＋1＝16」となり、17ではない ので、答えは間違いです。

PART
1
整数の計算

---

## 🐣 解いてみよう！

答えは別冊3ページ

次の計算をしましょう。あまりが出るときはあまりも出しましょう。

(1)

$$6\,)\overline{1\,4\,9}$$

(2)

$$37\,)\overline{2\,0\,1}$$

(3)

$$85\,)\overline{6\,1\,1\,9}$$

答え＿＿＿＿＿＿＿＿   答え＿＿＿＿＿＿＿＿   答え＿＿＿＿＿＿＿＿

## 🐓 チャレンジしてみよう！

答えは別冊3ページ

🐣 解いてみよう！ の答えが合っているかどうか、 「割る数×商＋あまり＝割られる数」の式でたしかめてみましょう。

(1)

(2)

(3)

😊 ためしてみよう！のこたえ　❶ 8　答え8　❷ ㋐2　㋑6　㋒1　㋓9　㋔6　㋕1　㋖8　㋗1

# 5 計算の順序

ここが
大切！ 「かっこの中 → ×÷ → ＋−」の順に計算しよう！

 ためしてみよう！

□にあてはまる数や記号（文字）を入れましょう。

**1** 計算の3つのルール

【例】　次のア〜カから正しいものを3つえらびましょう。

ア　ふつうは、右から計算する

イ　ふつうは、左から計算する

ウ　＋と−は、×と÷より先に計算する

エ　×と÷は、＋と−より先に計算する

オ　かっこのある式では、かっこの中を一番先に計算する

カ　かっこのある式では、かっこの中を一番後に計算する

答え ☐ 、☐ 、☐

**2** 計算の順序を身につける練習

（1）$20-15÷5×2$

・計算の順に①、②、③の番号をつけましょう。

20 − 15 ÷ 5 × 2
☐　　☐　　☐

・①〜③の順に計算しましょう。

$20 - 15 ÷ 5 × 2$

$= 20 - \boxed{\phantom{0}} × 2$

$= 20 - \boxed{\phantom{0}}$

$= \boxed{\phantom{0}}$

答え ☐

（2）$7+81÷(3+4×6)$

・計算の順に①〜④の番号をつけましょう。

7 ＋ 81 ÷ （ 3 ＋ 4 × 6 ）
☐　　　☐　　　　☐　　☐

・①〜④の順に計算しましょう。

$7 + 81 ÷ (3 + 4 × 6)$

$= 7 + 81 ÷ (3 + \boxed{\phantom{0}})$

$= 7 + 81 ÷ \boxed{\phantom{0}}$

$= 7 + \boxed{\phantom{0}}$

$= \boxed{\phantom{0}}$

答え ☐

## お子さんに教えたいアドバイス！

### 中かっこ｛　　｝のある計算は？

中学受験対策用の算数の参考書などでは、中かっこ｛　｝を使う計算がふつうに出てきます。

中かっこが出てくる計算では、『小かっこ（　）の中→中かっこ｛　｝の中』の順に計算しましょう。

【例】
$$16 \div \{ 4 \times ( 5 - 3 ) \}$$
$$= 16 \div ( 4 \times 2 )$$
小かっこの中の5－3を先に計算
$$= 16 \div 8$$
中かっこだったところを計算
$$= 2 \cdots 答え$$

---

## 🐣 解いてみよう！

答えは別冊3ページ

次の計算をしましょう。

(1) $132 \div 11 + 3 \times 6$

(2) $( 17 + 19 ) \div ( 30 - 7 \times 4 )$

答え ＿＿＿＿＿＿＿

答え ＿＿＿＿＿＿＿

---

## 🐔 チャレンジしてみよう！

答えは別冊3ページ

次の計算をしましょう。

$\{ 2 + 95 \div ( 20 - 15 ) \} \div ( 1 + 6 )$

答え ＿＿＿＿＿＿＿

 ためしてみよう！のこたえ　■ イ、エ、オ　■ (1) ③、①、②、3、6、14　答え　14
(2) ④、③、②、①、24、27、3、10　答え　10

# 整数の計算
# まとめテスト

答えは別冊3ページ

合格点80点以上

| | | | | |
|---|---|---|---|---|
| 1回目 | | 月 | 日 | 点 |
| 2回目 | | 月 | 日 | 点 |
| 3回目 | | 月 | 日 | 点 |

※何度も復習したい方は、直接書き込まずノートを使うとよいでしょう。

## 1 さくらんぼの中に数を書いて、答えを求めましょう。

[各5点、計30点]

(1) $7+4=$

(2) $23+9=$

(3) $36+85=$

(4) $16-9=$

(5) $51-6=$

(6) $292-8=$

## 2 次の計算をしましょう。

[各5点、計30点]

(1)
$$\begin{array}{r} 68 \\ +35 \\ \hline \end{array}$$

(2)
$$\begin{array}{r} 27 \\ +196 \\ \hline \end{array}$$

(3)
$$\begin{array}{r} 707 \\ +393 \\ \hline \end{array}$$

(4)
$$\begin{array}{r} 96 \\ -18 \\ \hline \end{array}$$

(5)
$$\begin{array}{r} 203 \\ -\phantom{0}95 \\ \hline \end{array}$$

(6)
$$\begin{array}{r} 521 \\ -262 \\ \hline \end{array}$$

**3** 次の計算をしましょう。

[各5点、計15点]

（1）
$$
\begin{array}{r}
26 \\
\times\ 8 \\
\hline
\end{array}
$$

（2）
$$
\begin{array}{r}
65 \\
\times\ 74 \\
\hline
\end{array}
$$

（3）
$$
\begin{array}{r}
858 \\
\times\ 93 \\
\hline
\end{array}
$$

**4** 次の計算をしましょう。あまりが出るときは、あまりも出しましょう。

[各5点、計15点]

（1）

$7\overline{)170}$

（2）

$37\overline{)888}$

（3）

$43\overline{)3008}$

答え _____　　　答え _____　　　答え _____

**5** 次の計算をしましょう。

[各5点、計10点]

（1）　$17-300\div(5\times5)$

（2）　$60\div(10-49\div7+1)$

答え _____　　　答え _____

# 1 小数とは

ここが大切！

小数……0.7、0.23、5.816などの数
小数点……「.（点）」のこと

## ためしてみよう！

□にあてはまる数や言葉を入れましょう。

### 1 小数について

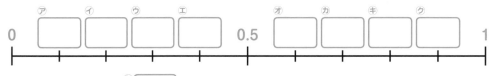

1を10等分した1つ分が $\boxed{\phantom{xx}}^{(ケ)}$ です。

1を100等分した1つ分が $\boxed{\phantom{xx}}^{(コ)}$ です。

1を1000等分した1つ分が $\boxed{\phantom{xx}}^{(サ)}$ です。

### 2 小数の位の呼びかた

① 「小数第〜位」という呼びかた

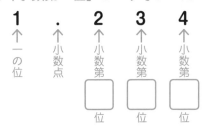

② 分数を使った呼びかた

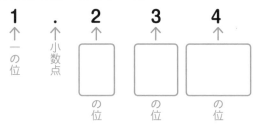

### 3 小数のしくみ

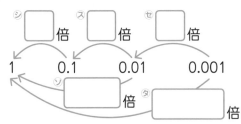

【例】 6.25は、1を $\boxed{\phantom{xx}}^{(チ)}$ こ、

0.1を $\boxed{\phantom{xx}}^{(ツ)}$ こ、0.01を $\boxed{\phantom{xx}}^{(テ)}$ こ

合わせた数です。

## お子さんに教えたいアドバイス！

### 小数の2つの意味をおさえよう！

例えば、1.2という小数には、次の2つの意味があります。

① 1を1こ、0.1を2こ合わせた数

② 0.1を12こ合わせた数

この2つの意味のうち、②の意味を理解できていない子がいます。2つの意味を理解してもらうには、数直線（数を目もりで表した直線）を使って教えることをおすすめします。

まず、①の意味を数直線で表すと下のようになります。

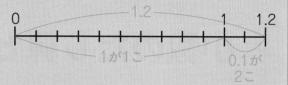

上の数直線によって、1.2は「1を1こ、0.1を2こ合わせた数」であることを説明できます。
一方②の意味を数直線で表すと、下のようになります。

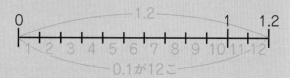

この数直線によって、1.2は「0.1を12こ合わせた数」であることを説明できます。

## 解いてみよう！

答えは別冊4ページ

次の◻にあてはまる数を答えましょう。

（1） 7.98は、1を◻こ、0.1を◻こ、0.01を◻こ合わせた数です。

　　 7.98は、0.01を◻こ合わせた数です。

（2） 1を4こ、0.1を6こ、0.01を1こ合わせた数は◻です。

（3） 1を15こ、0.1を9こ、0.001を3こ合わせた数は◻です。

（4） 2.01は、0.01を◻こ合わせた数です。

## チャレンジしてみよう！

答えは別冊4ページ

次の数を小さい順に並べましょう（記号で答えてください）。

㋐0.001　　㋑0.08　　㋒0　　㋓0.9　　㋔0.1　　㋕0.99

### 答え

㋐ためしてみよう！のこたえ　■㋐0.1　㋑0.2　㋒0.3　㋓0.4　㋔0.6　㋕0.7　㋖0.8　㋗0.9　㋘0.1　㋙0.01　㋚0.001　2①一、二、三　②$\frac{1}{10}$、$\frac{1}{100}$、$\frac{1}{1000}$　3㋛10　㋜10　㋝10　㋞100　㋟1000　㋠6　㋡2　㋢5

# 2 小数のたし算と引き算

> ここが
> 大切！　**小数のたし算と引き算は、小数点をそろえて筆算しよう！**

## ためしてみよう！

□にあてはまる数を入れましょう。

### 1 小数のたし算

**（1）　3.7＋4.9**

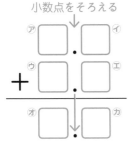

▶筆算のしかた
①小数点をそろえて書く
②「37＋49」の筆算と同じように計算する
③小数点をそのままおろす

答え □

**（2）　26.5＋1.58**

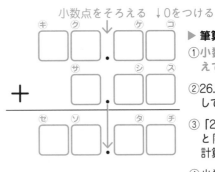

▶筆算のしかた
①小数点をそろえて書く
②26.5は26.50として計算する
③「2650＋158」と同じように計算する
④小数点をそのままおろす

答え □

### 2 小数の引き算

**（1）　9.2－6.7**

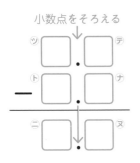

▶筆算のしかた
①小数点をそろえて書く
②「92－67」の筆算をするのと同じように計算する
③小数点をそのままおろす

答え □

**（2）　2.3－0.83**

▶筆算のしかた
①小数点をそろえて書く
②2.3は2.30として計算する
③「230－83」の筆算をするのと同じように計算する
④小数点をそのままおろす

答え □

## お子さんに教えたいアドバイス！

### 空白の部分には0（ゼロ）を書こう！

例えば、「3.01 − 2.98」の筆算をすると、下のように空白ができます。

```
   3.01
 − 2.98
    . 3
```
空白ができる

このような場合は空白の部分に 0（ゼロ）を書いて答えにするようにしましょう。

```
   3.01
 − 2.98
   0.03
```
→ **答え** 0.03

0をつける

0 をつけわすれて、「3」や「0.3」を答えにしないように気をつけたいところです。

PART **2**

小数の計算

---

## 🐣 解いてみよう！

答えは別冊4ページ

次の計算をしましょう。

（1） 8.8＋1.6
[筆算]

答え _____

（2） 10.471＋3.5
[筆算]

答え _____

（3） 0.27＋1.93
[筆算]

答え _____

（4） 5.1−2.4
[筆算]

答え _____

（5） 9.05−8.35
[筆算]

答え _____

（6） 3−0.77
[筆算]

答え _____

---

## 🐔 チャレンジしてみよう！

答えは別冊4ページ

はじめ、水とうに0.45L のお茶が入っていました。そして、この水とうに、さらに0.76L のお茶を入れました。その後、この水とうから0.31L のお茶を出すと、水とうには何L のお茶が残りますか。

[式]                    [筆算]

答え _____

---

 ためしてみよう！のこたえ

1 (1) ㋐3 ㋑7 ㋒4 ㋓9 ㋔8 ㋕6 答え 8.6 (2) ㋖2 ㋗6 ㋘5 ㋙0 ㋚1 ㋛5 ㋜8 ㋝2 ㋞8 ㋟0 ㋠8 答え 28.08 2 (1) ㋡9 ㋢2 ㋣6 ㋤7 ㋥2 ㋦5 答え 2.5 (2) ㋧2 ㋨3 ㋩0 ㋪7 ㋫8 ㋬3 ㋭1 ㋮4 ㋯7 答え 1.47

23

# 3 小数のかけ算

ここが
大切！　**小数のかけ算の合い言葉は「右にそろえる」！**

## ためしてみよう！

□にあてはまる数を入れましょう。

### 1 小数×整数、整数×小数

〔例〕　**8.7×19**

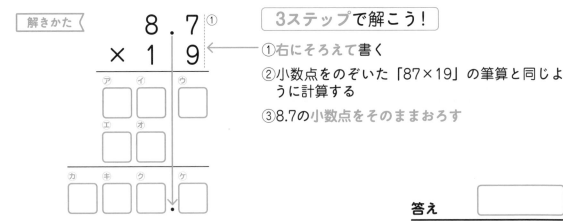

解きかた

**3ステップで解こう！**

①右にそろえて書く

②小数点をのぞいた「87×19」の筆算と同じように計算する

③8.7の小数点をそのままおろす

答え

### 2 小数×小数

〔例〕　**6.28×5.3**

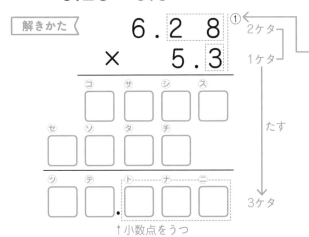

解きかた

2ケタ
1ケタ
たす
3ケタ
↑小数点をうつ

**3ステップで解こう！**

①右にそろえて書く

②小数点をのぞいた「628×53」の筆算と同じように計算する

③6.28の小数点の右は2ケタ。5.3の小数点の右は1ケタ。答えの小数点の右のケタが2＋1＝3ケタになるところに小数点をうつ

答え

## およその計算でミスを減らそう！

◯ためしてみよう！ 2 「小数×小数」の例であげた「6.28 × 5.3」の計算で、小数点の位置を間違えて「332.84」を答えにしたとしましょう。小数点の位置の間違いはよくあるケアレスミスですが、このようなミスを減らす方法があるのです。

それは、**およその数で計算してだいたいの答えを予想する方法**です。6.28 と 5.3 をおよその数にすると、それぞれ 6 と 5 になります。これをかけると、6 × 5 ＝ 30 です。「332.84」は 30 と大きく離れているので間違いだとわかります（正しい答えの 33.284 は 30 に近いです）。

## 解いてみよう！

答えは別冊4ページ

次の計算をしましょう。

（1） 35×7.9

[筆算]

（2） 2.3×4.8

[筆算]

（3） 9.05×9.6

[筆算]

答え

答え

答え

##  チャレンジしてみよう！

答えは別冊4ページ

2種類のおもり A、B があり、A の1つの重さは3.9kg で B の1つの重さは5.2kg です。A が12こ、B が27こあるとき、全体の重さは何 kg ですか。

[式]　　　　　　　　　　　　　　　[筆算]

答え

◯ためしてみよう！のこたえ　1 ⑦7　④8　⑦3　④8　⑦7　⑪1　㋖6　⑦5　㋙3　答え　165.3　2 ㋑1
㋛8　㋟8　㋜4　㋝3　㋟1　㋩4　㋠0　㋡3　㋢3　㋣2　㋤8　㋥　答え　33.284

# 4 小数の割り算

**ここが 大切!**　小数で割るときの**小数点の動かしかた**に気をつけよう!

## ためしてみよう!

□にあてはまる数を入れて、次の式を割り切れるまで計算しましょう。

**1** 小数÷整数
（整数で割る）

[例] $23.7 \div 6$

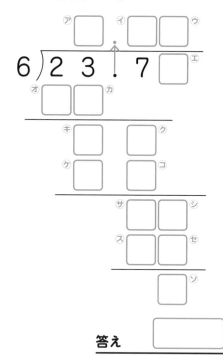

**2** 小数÷小数、整数÷小数
（小数で割る）

[例] $25 \div 0.4$

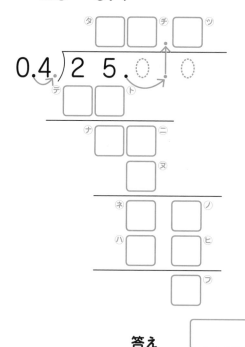

答え ☐　　　　　答え ☐

解きかた

①小数点をとった「237÷6」を筆算するように 計算する

②23.7の小数第二位に0をつけて23.70とし、そ の0を下におろして筆算を続ける

③23.7の小数点をそのまま上にあげて、答えを 求める

解きかた

①割る数の0.4の小数点を1つ右にずらして、整数の4に する

②割られる数の25. も同じように、小数点を1つ右にず らして、250. にする

③250÷4を割り切れるまで計算する

④250.0の小数点をそのまま上にあげて、答えを求める

## 小数点を動かしても答えが同じになる理由とは？

😊 ためしてみよう！ **2** の「25 ÷ 0.4」は、小数点を動かして「250 ÷ 4」の計算をして答えを求めました。
小数点を動かしてから計算すると、答えがちがってくる気もしますが、どうして答えが同じになるのでしょうか。

それは、「割り算は、割られる数と割る数に同じ数をかけても、答えは等しくなる」という性質があるからです。
**2** の計算では、25 と 0.4 をそれぞれ 10 倍しているので、答えが等しくなるのです。

$$25 \div 0.4$$
$$= (25 \times 10) \div (0.4 \times 10)$$
$$= 250 \div 4 = 62.5$$

25と0.4にそれぞれ10をかける

 **解いてみよう！**　　　　　　　　　　　　答えは別冊4ページ

次の式を割り切れるまで計算しましょう。

（1）　28.17÷9
[筆算]

（2）　6÷1.6
[筆算]

（3）　73.548÷9.08
[筆算]

答え＿＿＿＿＿＿　　　答え＿＿＿＿＿＿　　　答え＿＿＿＿＿＿

🐓 **チャレンジしてみよう！**　　　　　　　　　答えは別冊4ページ

次の長方形で□にあてはまる小数を答えましょう。
※長方形の面積については、64ページで確認しましょう。

[筆算]

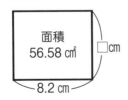

面積
56.58 ㎠　　□cm

8.2 ㎝

[式]

答え＿＿＿＿＿＿

😊 ためしてみよう！のこたえ
❶ ㋐3 ㋑9 ㋒5 ㋓0 ㋔1 ㋕8 ㋖5 ㋗7 ㋘5 ㋙4 ㋚3 ㋛0 ㋜3 ㋝0 ㋞0 答え　3.95 ❷ ㋟6 ㋠2 ㋡5 ㋢2 ㋣4 ㋤1 ㋥0 ㋦8 ㋧2 ㋨0 ㋩2 ㋪0 ㋫0 答え　62.5

27

# 5 あまりが出る小数の割り算

ここが大切！ **商とあまりの小数点のつけかた**を区別しよう！

## ためしてみよう！

### 1 あまりが出る「小数÷整数」

【例】 「31.8÷4」の計算について、（1）と（2）の問いに答えましょう。

（1） 商を一の位まで求めて、あまりも出しましょう。

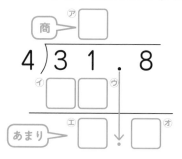

①商を一の位まで求める

②31.8の小数点をそのまま下におろして、あまりを求める

答え ☐ あまり ☐

（2） 商を小数第一位まで求めて、あまりも出しましょう。

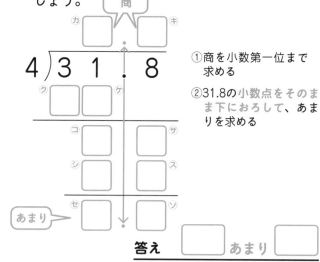

①商を小数第一位まで求める

②31.8の小数点をそのまま下におろして、あまりを求める

答え ☐ あまり ☐

### 2 あまりが出る「小数÷小数」

【例】 「16.09÷4.5」の商を小数第一位まで求めて、あまりも出しましょう。

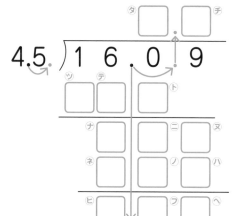

①「16.09÷4.5」の小数点を1つずつ右にずらして、「160.9÷45」にして計算

②小数点を動かした後の160.9の小数点をそのまま上にあげて商を求める

③小数点を動かす前の16.09の小数点をそのまま下におろしてあまりを求める

答え ☐ あまり ☐

「小数÷小数」の商とあまりで、
小数点のつけかたが違う理由は？

例えば、「7÷2」の商を一の位まで求める
と「3あまり1」になりますね。

ここで、7と2をどちらも10倍して計算す
ると「70÷20＝3あまり10」になります。
27ページでふれた通り、割り算は「割られ
る数と割る数に同じ数をかけても商はかわ
らない」ので商は3のままです。

一方、「7÷2」のあまりは1ですが、「70÷
20」のあまりは10となり、10倍になってい
ます。割り算では、「割られる数と割る数を□
倍すると、あまりも□倍になる」という性質
があるので、あまりが10倍になるのです。

「ためしてみよう！ 2」の「16.09÷4.5」の
計算では、16.09を10倍した後の160.9の
小数点をそのまま下におろすと、あまりも10
倍になってしまいます。だから、10倍する前
の16.09の小数点を下におろして正しいあま
りを求める必要があるのです。

## 解いてみよう！

答えは別冊5ページ

次の計算について、商を小数第一位まで求めて、あまりも出しましょう。

（1）　71.7÷9　　　　　（2）　5÷2.6　　　　　（3）　88.04÷3.9

[筆算]　　　　　　　　　[筆算]　　　　　　　　　[筆算]

答え＿＿＿＿＿＿＿＿＿　　答え＿＿＿＿＿＿＿＿＿　　答え＿＿＿＿＿＿＿＿＿

## チャレンジしてみよう！

答えは別冊5ページ

「6.3÷7.22」の計算について、商を小数第一位まで求めて、あまりも出し
ましょう。

[筆算]

答え＿＿＿＿＿＿＿＿＿＿＿

ためしてみよう！のこたえ　　■（1）㋐7 ㋑2 ㋒8 ㋓3 ㋔8 答え　7あまり3.8 （2）㋕7 ㋖9 ㋗2 ㋘8 ㋙3 ㋚8 ㋛3 ㋜6 ㋝0 ㋞2 答え　7.9あまり0.2 ■2 ㋟3 ㋠5 ㋡1 ㋢3 ㋣5 ㋤2 ㋥5 ㋦9 ㋧2 ㋨2 ㋩5 ㋪0 ㋫3 ㋬4 答え　3.5あまり0.34

29

# 小数の計算
# まとめテスト

答えは別冊5ページ

※何度も復習したい方は、直接書き込まずノートを使うとよいでしょう。

## 1 次の□にあてはまる数を答えましょう。

[各6点、計18点／（1）はすべて正解で6点]

（1） 6.19は1を ☐ こ、0.1を ☐ こ、0.01を ☐ こ合わせた数です。

（2） 1を7こ、0.01を8こ合わせた数は ☐ です。

（3） 0.325は0.001を ☐ こ合わせた数です。

## 2 次のたし算と引き算を計算しましょう。

[各6点、計18点]

（1） 49.5＋0.71
[筆算]

（2） 2.39－1.79
[筆算]

（3） 3.3－0.648
[筆算]

答え _____

答え _____

答え _____

## 3 次のかけ算を計算しましょう。

[各6点、計18点]

（1） 8.2×96
[筆算]

（2） 6.4×3.5
[筆算]

（3） 2.9×5.37
[筆算]

答え _____

答え _____

答え _____

**4** 次の割り算を割り切れるまで計算しましょう。

[各6点、計18点]

（1） 28.2÷5
[筆算]

（2） 37÷0.8
[筆算]

（3） 48.732÷5.24
[筆算]

答え＿＿＿＿＿＿＿＿

答え＿＿＿＿＿＿＿＿

答え＿＿＿＿＿＿＿＿

**5** 次の割り算について、商を小数第一位まで求めて、あまりも出しましょう。

[各6点、計18点]

（1） 67.6÷38
[筆算]

（2） 8.3÷1.9
[筆算]

（3） 2÷0.53
[筆算]

答え＿＿＿＿＿＿＿＿

答え＿＿＿＿＿＿＿＿

答え＿＿＿＿＿＿＿＿

**6** 下の図形は長方形を2つ組み合わせた形で、全体の面積は22.52㎠です。
このとき、□にあてはまる数を答えましょう。
※長方形の面積については、64ページで確認しましょう。

[10点]

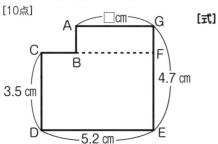

【式】

答え＿＿＿＿＿＿＿＿

# 1 約数とは

ここが
大切！
**約数**とは、「**ある整数を割り切ることができる整数**」であることを
おさえよう！

## ためしてみよう！

□にあてはまる数を入れましょう（同じ記号には、同じ数が入ります）。

**[例]** 45の約数を小さい順にすべて書き出しましょう。

解きかた1 教科書的な解きかた

45の約数（45を割り切ることができる整数）を探すと、次のようになります。

$$45 \div \boxed{\phantom{ア}} = 45 \quad 45 \div \boxed{\phantom{イ}} = 15 \quad 45 \div \boxed{\phantom{ウ}} = 9$$

$$45 \div \boxed{\phantom{エ}} = 5 \quad 45 \div \boxed{\phantom{オ}} = 3 \quad 45 \div \boxed{\phantom{カ}} = 1$$

答え ⑦ □、① □、⑦ □、① □、⑦ □、⑦ □

※ 解きかた1 では、「約数の書きもれ」をしてしまうことがあります。「約数の書きもれ」
を防ぐためには下の 解きかた2 で解くことをおすすめします。

解きかた2 オリを使う解きかた

45の約数（45を割り切ることができる整数）を探すと、次のようになります。

①まず下のようにオリをかきます。
動物園にあるようなオリのイ
メージです。オリは多めにかき
ましょう。10こ以上でもいいの
ですが、ここでは8つのオリを
かきます。

②次に、「かけたら45になる組み
合わせ」を、オリの上下に書き
出していきましょう。
（下の例では、1×45＝45）

③オリに入った数が45の約数
です。

空いているオリは
そのままでOK

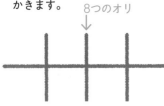

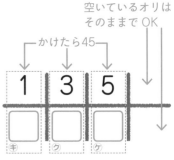

答え ⑩ □、⑪ □、⑫ □、⑬ □、⑭ □、⑮ □

## お子さんに教えたいアドバイス！

### 「オリを使う解きかた」で約数が求められる理由

左ページで紹介した「オリを使う解きかた」では、「かけたら45になる組み合わせ」をオリの上下に書き出していきました。
オリの上下に書き出した整数をAとBとすると「A×B＝45」になるということです。

「A×B＝45」のとき、45をAで割ると、「45÷A＝B」となります。一方、45をBで割ると「45÷B＝A」となります。
「45の約数」とは「45を割り切ることができる整数」のことなので、AもBも、45の約数であるのです。

## 🐣 解いてみよう！

答えは別冊5ページ

PART 3　約数と倍数

オリを使って、次の数の約数をすべて書き出しましょう。ただし、オリは全部うまるとは限りません。

（1）20

答え＿＿＿＿＿＿＿＿＿＿＿＿＿＿＿

（2）24

答え＿＿＿＿＿＿＿＿＿＿＿＿＿＿＿

（3）81

答え＿＿＿＿＿＿＿＿＿＿＿＿＿＿＿

（4）60

答え＿＿＿＿＿＿＿＿＿＿＿＿＿＿＿

## 🐔 チャレンジしてみよう！

答えは別冊5ページ

111の約数は全部で4こあります。その4こをすべて答えましょう。

答え＿＿＿＿＿＿＿＿＿＿＿＿＿＿＿

# 2 公約数と最大公約数

ここが
大切！

**次の2つの言葉の意味をおさえよう！**

公約数……………2つ以上の整数に共通する約数
最大公約数………公約数のうち、もっとも大きい数

## ためしてみよう！

□にあてはまる数を入れましょう。

【例】 40と50の公約数をすべて答えましょう。また、40と50の最大公約数を求めましょう。

解きかた 教科書的な解きかた

①まず、40の約数と50の約数をすべて書き出します。

②40の約数は（小さい順に）、□、□、□、□、□、□、□、□

③50の約数は（小さい順に）、□、□、□、□、□

④これにより、40と50の公約数（40と50の共通の約数）は、□、□、□、□
です。

⑤また、40と50の最大公約数（40と50の公約数のうち、もっとも大きい数）は□です。

40と50の公約数と最大公約数について、ベン図（数の集まりを図で表したもの）で表すと、下のようになります。

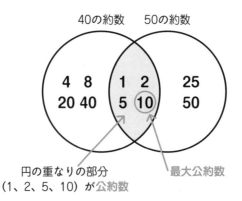

円の重なりの部分
（1、2、5、10）が公約数

最大公約数

## 最大公約数をすばやく見つける方法

最大公約数をすばやく求めるために「連除法」という方法があるので紹介します。

連除法とは、下のようにそれぞれの数を同じ数で割っていく方法で、この方法を使うとスピーディーに最大公約数を見つけることができます。

**【例】** 40と50の最大公約数を求める

```
 )40 50
```

```
2)40 50
  20 25
```

```
2)40 50
5)20 25
   4  5
```

```
      かけると10
       ↓
2)40 50
5)20 25
   4  5
```

①上のような割り算の筆算を引っくり返したような形の中に40と50を書く

②40と50をどちらも割り切れる数を探す。どちらも2で割れるので、それぞれを2で割った商を下に書く

③20と25はどちらも5で割れるので、それぞれを5で割った商を下に書く

④4と5は1以外で割れないので割るのをストップ。左の数をすべてかけて、最大公約数が2×5＝10と求められる

PART
**3**

約数と倍数

---

## 🐣 解いてみよう！

答えは別冊6ページ

次のそれぞれの数の公約数をすべて書き出しましょう。また、最大公約数を求めましょう。

（1） 32、48

（2） 30、45、105

　　　　　公約数…

**答え**　最大公約数…

　　　　　公約数…

**答え**　最大公約数…

## 🐓 チャレンジしてみよう！

答えは別冊6ページ

青のおり紙が56枚、黄のおり紙が64枚あります。この青と黄のおり紙を、あまりが出ないようにそれぞれ同じ枚数ずつ、何人かの子どもに分けます。できるだけ多くの子どもに分けるとき、何人に分けられますか。

**答え**

ためしてみよう！のこたえ　②1、2、4、5、8、10、20、40　③1、2、5、10、25、50　④1、2、5、10　⑤10

35

# 3 倍数とは

> ここが大切！
> **倍数**とは「ある整数の整数倍（1倍、2倍、3倍…）になっている整数」であることをおさえよう！

## ためしてみよう！

□にあてはまる数を入れましょう。

**[例1]**　7の倍数を小さい順に5つ答えましょう。

解きかた

7を**整数倍（1倍、2倍、3倍…）**すると、下のようになります。

7 、□ 、□ 、□ 、□ 、‥‥‥‥

7×1　7×2　7×3　7×4　7×5

答え　□、□、□、□、□

**[例2]**　次の数の中で、9の倍数はどれですか。すべて答えましょう。

39、101、756、473、72、1233

解きかた

それぞれの数を9で割って、整数で割り切れたものが9の倍数です。それぞれを9で割ると、下のようになります。

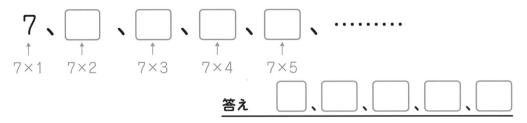

39 ÷ 9 = ⑦□ あまり ⑦□　　101 ÷ 9 = ⑦□ あまり ⑦□

756 ÷ 9 = ⑦□　　473 ÷ 9 = ⑦□ あまり ⑦□

72 ÷ 9 = ⑦□　　1233 ÷ 9 = ⑦□

答え　□、□、□

## おさえておきたい5つの倍数判定法

左ページの【例2】は、倍数判定法（何の倍数かすぐに見分ける方法）を使うと楽に解けます。

「すべての位をたして9の倍数になるとき、その数は9の倍数である」という性質を使えばよいのです。

例えば、【例2】の756のすべての位をたすと、7 + 5 + 6 = 18 です。

18は9の倍数なので、756は9の倍数だとわかります。

できればおさえておいたほうがよい9以外の倍数判定法は下の通りです。

- ・2の倍数判定法…一の位が偶数のとき
- ・3の倍数判定法…すべての位をたして3の倍数になるとき
- ・4の倍数判定法…下2ケタの数が00か4の倍数になるとき
- ・5の倍数判定法…一の位が0か5のとき

## 解いてみよう！

答えは別冊6ページ

**1** 19の倍数を小さい順に5つ答えましょう。

答え _____

**2** 次の数の中で、23の倍数はどれですか。すべて答えましょう。
253、78、92、621、351、855

答え _____

## チャレンジしてみよう！

答えは別冊6ページ

下2ケタの数が00か4の倍数のとき、その数は4の倍数になります。この性質を使って、次の数の中から4の倍数をすべて答えましょう。
2024、818、5200、376、1998

答え _____

 ためしてみよう！のこたえ 【例1】7、14、21、28、35 答え 7、14、21、28、35 【例2】㋐4 ㋑3 ㋒11 ㋓2 ㋔84 ㋕52 ㋖5 ㋗8 ㋘137 答え 756、72、1233

# 4 公倍数と最小公倍数

ここが大切!

**次の2つの言葉の意味をおさえよう!**
公倍数……………2つ以上の整数に共通する倍数
最小公倍数………公倍数のうち、もっとも小さい数

## ためしてみよう!

□にあてはまる数を入れましょう。

**[例]** 4と6の公倍数を小さい順に3つ答えましょう。
また、4と6の最小公倍数を求めましょう。

解きかた

4の倍数と6の倍数をそれぞれ小さい順に書くと、次のようになります。

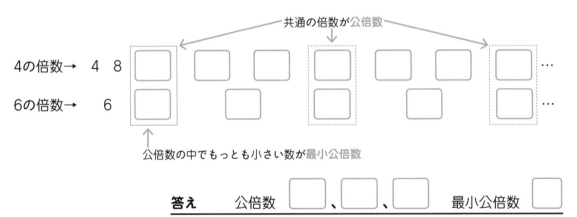

共通の倍数が公倍数

4の倍数→ 4 8 □ □ □ □ □ □ □ …

6の倍数→ 6 □ □ □ □ …

公倍数の中でもっとも小さい数が最小公倍数

答え 公倍数 □ 、□ 、□ 最小公倍数 □

4と6の公倍数と最小公倍数について、ベン図で表すと次のようになります。

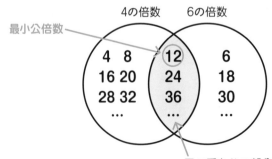

最小公倍数

4の倍数 6の倍数

4 8 (12) 6
16 20 24 18
28 32 36 30
… … …

円の重なりの部分（12、24、36…）が公倍数

38

## 最小公倍数をすばやく見つける方法

35ページで紹介した連除法を使って最小公倍数をすばやく見つけることもできます。

2つの数（下の例なら24と30）の最小公倍数は、下記の方法で求められます（3つ以上の数の最小公倍数を求めるときの連除法はやりかたが少し異なるので、ここでは省略します）。

【例】 24と30の最小公倍数を求める。

$$)\underline{24\ \ 30}$$

$$2\underline{)24\ \ 30}$$
$$3\underline{)12\ \ 15}$$
$$\ \ \ \ 4\ \ \ 5$$

$$2\underline{)24\ \ 30}$$
$$3\underline{)12\ \ 15}$$
$$\ \ \ \ 4\ \ \ 5$$  ←L字型にかける

①上のような割り算の筆算を引っくり返したような形の中に24と30を書く

②最大公約数を求めるときと同じように、1以外で割れなくなるまで割っていく

③1以外で割れなくなったら、L字型にかける。24と30の最小公倍数は2×3×4×5＝120と求められる

PART
3

約数と倍数

---

## 🐣 解いてみよう！

答えは別冊6ページ

次のそれぞれの数の公倍数を小さい順に3つ答えましょう。また、最小公倍数を求めましょう。

（1） 8、12

答え　公倍数…　　　　　　　　　最小公倍数…

（2） 10、15、30

答え　公倍数…　　　　　　　　　最小公倍数…

## 🐔 チャレンジしてみよう！

答えは別冊6ページ

ある駅から、普通列車が10分ごとに、急行列車が16分ごとに発車しています。午後2時に普通列車と急行列車が同時に発車しました。次に、普通列車と急行列車が同時に発車するのは、午後何時何分ですか。

答え

ためしてみよう！のこたえ　4の倍数→4、8、12、16、20、24、28、32、36
6の倍数→6、12、18、24、30、36　答え　公倍数 12、24、36　最小公倍数 12

# 5 偶数と奇数

ここが大切！ **偶数、奇数のそれぞれの意味をおさえよう！**

## ためしてみよう！

□にあてはまる数を入れましょう。

**[例1]** 次の5つの数について、後の問いに答えましょう。

$$57、16、2020、365、0$$

（1） この中で偶数はどれですか。すべて答えてください。
（2） この中で奇数はどれですか。すべて答えてください。

解きかた

（1） **2で割り切れる整数を偶数**といいます。

　　□ ÷ 2 = 8　　　　　　　□ ÷ 2 = 1010
　　↑偶数　　割り切れる　　　　↑偶数　　割り切れる

0も偶数なので、気をつけましょう。

答え □ 、 □ 、 □

（2） **2で割り切れない整数を奇数**といいます。

　　□ ÷ 2 = 28あまり1　　　□ ÷ 2 = 182あまり1
　　↑奇数　　割り切れない　　　↑奇数　　割り切れない

答え □ 、 □

**[例2]** 次の□に入る数や言葉を答えましょう。

例えば、偶数の38と、奇数の27をたすと、奇数の<sup>ア</sup>□になります。

くわしくは お子さんに教えたいアドバイス！ で述べますが、偶数と奇数をたすと、

必ず<sup>イ</sup>□になります。

## 偶数、奇数のたし算、引き算の答えはどうなる？

例えば、偶数と奇数をたすと、必ず奇数になります。偶数、奇数のたし算、引き算の答えをまとめると、次のようになるのでおさえましょう。

このように、 や  の図を使って教えると、わかりやすく説明できます。

PART
**3**
約数と倍数

---

 **解いてみよう！**

答えは別冊6ページ

次の6つの数について、後の問いに答えましょう。

0、1、2、3、4、5

（1）この中で偶数はどれですか。すべて答えましょう。

答え _____

（2）この中で奇数はどれですか。すべて答えましょう。

答え _____

## チャレンジしてみよう！

答えは別冊6ページ

次の□に入る数は偶数、奇数どちらか答えましょう。ただし、計算して□に入る数を求める必要はありません。

（1）94＋158＝□

答え _____

（2）65＋□＝316

答え _____

（3）□－205＝531

答え _____

ためしてみよう！のこたえ

【例1】（1）16、2020　答え　16、2020、0　（2）57、365　答え　57、365
【例2】⑦65　⑦奇数

# 約数と倍数 まとめテスト

答えは別冊7ページ

※何度も復習したい方は、直接書き込まずノートを使うとよいでしょう。

1 次の数の約数をすべて書き出しましょう（オリは全部うまるとは限りません）。
[各8点、計16点]

（1） 35

（2） 56

答え _____

答え _____

2 次のそれぞれの数の公約数をすべて書き出しましょう。
また、最大公約数を求めてください。
[（1）4×2＝8点、（2）4×2＝8点、計16点]

（1） 20、16

（2） 81、45、63

答え 公約数…
最大公約数… _____

答え 公約数…
最大公約数… _____

3 29の倍数を小さい順に3つ答えましょう。
[すべて正解で10点]

答え _____

4 次の数の中で、17の倍数はどれですか。すべて答えましょう。
[すべて正解で10点]　89、221、339、51、255

答え _____

**5** 次のそれぞれの数の公倍数を小さい順に2つ答えましょう。また、最小公倍数を求めてください。

[（1）4×2＝8点、（2）4×2＝8点、計16点]

（1） 16、24

　　　　　　　　　　　　　　　　　　　公倍数…
　　　　　　　　　　　　　答え　　　最小公倍数…

（2） 3、4、6

　　　　　　　　　　　　　　　　　　　公倍数…
　　　　　　　　　　　　　答え　　　最小公倍数…

**6** 次の問いに答えましょう。

[各8点、計16点]

（1） 次の7つの数の中で、偶数はどれですか。すべて答えましょう。

　　37、6、0、57、2、24、1

　　　　　　　　　　　　　　　　　　　答え

（2） 「116＋□＝1501」の□に入る数は偶数、奇数どちらか答えましょう。ただし、計算して□に入る数を求める必要はありません。

　　　　　　　　　　　　　　　　　　　答え

**7** 次の問いに答えましょう。

[各8点、計16点]

（1） 50を割り切ることのできる整数をすべて書き出しましょう。

　　　　　　　　　　　　　　　　　　　答え

（2） 50で割り切れる整数を小さい順に3つ答えましょう。

　　　　　　　　　　　　　　　　　　　答え

# 1 分数とは

ここが大切！ 仮分数（かぶんすう）を帯分数（たいぶんすう）に、帯分数を仮分数に、それぞれスムーズに直そう！

## ためしてみよう！

□にあてはまる数を入れましょう。

### 1 分数とは

$\frac{1}{3}$、$\frac{3}{4}$、$\frac{1}{10}$ のような数を 分数 といいます。

例えば、$\frac{3}{4}$ は1を4等分したうちの □ つ分です。

分数の横線の 下の数 を 分母（ぶんぼ）、上の数 を 分子（ぶんし）といいます。

（分数の例）
$\frac{3}{4}$ ← 分子
← 分母

### 2 分数の種類

【例】 ㋐〜㋕の分数を 真分数（しんぶんすう）、仮分数、帯分数に分けて、記号で答えましょう。

㋐ $3\frac{2}{7}$ ㋑ $\frac{5}{9}$ ㋒ $\frac{2}{2}$ ㋓ $\frac{1}{6}$ ㋔ $\frac{10}{3}$ ㋕ $1\frac{3}{5}$

・真分数（分子が分母より小さい分数）… □ 、 □

・仮分数（分子が分母と等しいか、または分子が分母より大きい分数）… □ 、 □

・帯分数（整数と真分数の和になっている分数）… □ 、 □

### 3 仮分数を帯分数か、整数に直す方法

まず、「分子÷分母」を計算して、①あまりが出る場合、②割り切れる場合によって、それぞれ次のように帯分数か整数に直します。

①あまりが出る場合

例えば、$\frac{17}{3}$ を帯分数に直してみましょう。分子の17を分母の3で割って、次のように帯分数に直します。

$17 \div 3 = \square$ あまり $\square$ $\Rightarrow$ $\frac{17}{3} = \square \dfrac{\square}{\square}$

分子　分母　商　　あまり

← あまり

← 分母はそのまま

↑ 商

## 仮分数と帯分数の変換を
## スムーズにできるまで練習しよう！

分数の計算では、仮分数と帯分数の変換がしょっちゅう出てきます。

そのため、ここでつまずいてしまうと、分数の計算が苦手になってしまうことさえあります。

分数の計算を得意にするために仮分数と帯分数の変換を慣れるまで練習しましょう。

②割り切れる場合

例えば、$\frac{32}{4}$ を整数に直してみましょう。分子の32を分母の4で割って、次のように整数に直します。

$$32 \div 4 = \boxed{\phantom{0}} \quad \Rightarrow \quad \frac{32}{4} = \boxed{\phantom{0}}$$

分子　　分母　　商　　　　　　　　　　　　　整数

### 4 帯分数を仮分数に直す方法

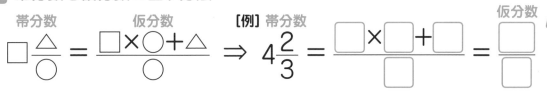

帯分数　　　　　　　仮分数　　　　　[例] 帯分数　　　　　　　　　　　　　　仮分数

$$\boxed{\phantom{0}}\frac{\triangle}{\bigcirc} = \frac{\boxed{\phantom{0}}\times\bigcirc+\triangle}{\bigcirc} \quad \Rightarrow \quad 4\frac{2}{3} = \frac{\boxed{\phantom{0}}\times\boxed{\phantom{0}}+\boxed{\phantom{0}}}{\boxed{\phantom{0}}} = \frac{\boxed{\phantom{0}}}{\boxed{\phantom{0}}}$$

 解いてみよう！

答えは別冊7ページ

（1）と（2）の仮分数を、帯分数か整数に直しましょう。また、（3）と（4）の帯分数を、仮分数に直しましょう。

（1）$\frac{23}{5}$　　　　　（2）$\frac{21}{7}$　　　　　（3）$2\frac{5}{6}$　　　　　（4）$19\frac{1}{4}$

答え＿＿＿＿＿＿＿＿　　答え＿＿＿＿＿＿＿＿　　答え＿＿＿＿＿＿＿＿　　答え＿＿＿＿＿＿＿＿

チャレンジしてみよう！

答えは別冊7ページ

3つの数 $5\frac{1}{6}$、$\frac{29}{6}$、5を小さい順に並べましょう。

答え＿＿＿＿＿＿＿＿＿＿＿

ためしてみよう！のこたえ

1 3　2 真分数…イ、エ　仮分数…ウ、オ　帯分数…ア、カ
3 ①5あまり2、$5\frac{2}{3}$　②8、8　4 $\frac{4\times3+2}{3}=\frac{14}{3}$

# 2 約分と通分

ここが
大切！ **約分と通分の違いをおさえよう！**

## ためしてみよう！

□にあてはまる数を入れましょう。

**1** 約分とは

約分とは、「**分数の分母と分子を同じ数で割って、かんたんにすること**」です。

[例] $\dfrac{27}{45}$ を約分しましょう。

解きかた

分母45と分子27の最大公約数の □ で割ると、最もかんたんな分数にすることができます。

$$\dfrac{27}{45} = \dfrac{27 \div \Box}{45 \div \Box} = \dfrac{\Box}{\Box}$$

答え

**2** 通分とは

通分とは、「**分母が違う2つ以上の分数を、分母が同じ分数に直すこと**」です。

[例] $\dfrac{3}{8}$ と $\dfrac{5}{6}$ を通分しましょう。

解きかた

分母の8と6の最小公倍数の □ に分母をそろえると通分できます。

$$\dfrac{3}{8} = \dfrac{3 \times \Box}{8 \times \Box} = \dfrac{\Box}{\Box} \qquad \dfrac{5}{6} = \dfrac{5 \times \Box}{6 \times \Box} = \dfrac{\Box}{\Box}$$

答え $\dfrac{\Box}{\Box}$ 、 $\dfrac{\Box}{\Box}$

## 「約数・倍数→約分・通分」の順に教えよう！

左ページの通り、約分は最大公約数と、通分は最小公倍数と、それぞれ関係があります。そのため、お子さんに教える際は、まず約数と倍数（最大公約数と最小公倍数）について教えてから、分数の約分と通分を教えるようにしましょう。

約数と倍数について教えていないのに、いきなり分数の約分と通分を教えると、子どもがうまく理解できずに混乱してしまうことがあります。

ちなみに、小学校の教科書でも「約数・倍数→約分・通分」の順に習う構成です。

## 解いてみよう！

答えは別冊7ページ

**1** 次の分数を約分しましょう。

(1) $\dfrac{12}{16}$

(2) $\dfrac{35}{84}$

(3) $\dfrac{62}{93}$

答え＿＿＿＿＿＿＿＿＿　　答え＿＿＿＿＿＿＿＿＿　　答え＿＿＿＿＿＿＿＿＿

**2** 次の分数を通分しましょう。

(1) $\dfrac{11}{12}$ 、 $\dfrac{15}{16}$

(2) $\dfrac{1}{6}$ 、 $\dfrac{2}{9}$ 、 $\dfrac{4}{15}$

答え＿＿＿＿＿＿＿＿＿　　　　　　答え＿＿＿＿＿＿＿＿＿

## チャレンジしてみよう！

答えは別冊7ページ

4つの分数 $\dfrac{8}{15}$ 、 $\dfrac{9}{20}$ 、 $\dfrac{62}{120}$ 、 $\dfrac{7}{12}$ を小さい順に並べましょう。

答え＿＿＿＿＿＿＿＿＿

PART
4

分数の計算

# 3 分数と小数の変換

ここが
大切！

分数 ←------ 分子を分母で割る ------→ 小数

$0.1 = \dfrac{1}{10}$ 、 $0.01 = \dfrac{1}{100}$ 、 $0.001 = \dfrac{1}{1000}$ を利用

## ためしてみよう！

□にあてはまる数を入れましょう。

### 1 分数から小数へ

【例】 右の分数を小数に直しましょう。 （1） $\dfrac{7}{20}$ （2） $5\dfrac{3}{4}$

解きかた

（1） $\dfrac{7}{20}$ ＝ □ ÷ □ ＝ □

分子 ÷ 分母

答え □

（2） $5\dfrac{3}{4}$ ＝ □ ＋ $\dfrac{\Box}{\Box}$ ＝ □ ＋ □ ÷ □ ＝ □ ＋ □ ＝ □

整数 ＋ 分数　整数　分子　分母　整数　小数

答え □

### 2 小数から分数へ

【例】 右の小数を分数に直しましょう。 （1） 0.8 （2） 7.96

解きかた

（1） $0.1 = \dfrac{1}{10}$ なので、$0.8 = \dfrac{\Box}{\Box}$ です。これを約分して、**答えは** $\dfrac{\Box}{\Box}$

（2） 7.96＝7＋0.96なので、まず0.96を分数に直します。

$0.01 = \dfrac{1}{100}$ なので、$0.96 = \dfrac{\Box}{\Box} = \dfrac{\Box}{\Box}$ です。これに、7をたして $\dfrac{\Box}{\Box}$

約分

**答えは**

## 分数と小数の大小も比べられる

この項目で習ったことを使って、次のような問題を解くこともできます。

【例】 $\frac{5}{8}$ と0.6はどちらが大きいですか。

解きかた1　小数にそろえる

$\frac{5}{8}$＝5÷8＝0.625なので、$\frac{5}{8}$のほうが0.6より大きいとわかります。

解きかた2　分数にそろえる

0.6を分数に直すと、$\frac{6}{10}=\frac{3}{5}$ となります。

$\frac{5}{8}=\frac{5×5}{8×5}=\frac{25}{40}$、$\frac{3}{5}=\frac{3×8}{5×8}=\frac{24}{40}$

これで、$\frac{5}{8}$ のほうが大きいとわかります。

分数にそろえると、通分する必要があるので、小数にそろえて比べたほうがかんたんな場合が多いです。

## 解いてみよう！

答えは別冊8ページ

1　次の分数を小数に直しましょう。

（1） $\frac{9}{10}$

（2） $10\frac{9}{20}$

答え _____

答え _____

2　次の小数を分数に直しましょう。

（1） 0.4

（2） 2.875

答え _____

答え _____

## チャレンジしてみよう！

答えは別冊8ページ

4つの数 $\frac{19}{50}$、$\frac{3}{8}$、$\frac{17}{40}$、0.37を小さい順に並べましょう。

答え _____

 ためしてみよう！のこたえ

1 (1) 7÷20=0.35　答え　0.35　(2) 5+$\frac{3}{4}$=5+3÷4=5+0.75=5.75　答え　5.75
2 (1) 0.8=$\frac{8}{10}$　答え　$\frac{4}{5}$　(2) $\frac{96}{100}$=$\frac{24}{25}$　答え　7$\frac{24}{25}$

49

PART
4

分数の計算

# 4 帯分数のくり上げ、くり下げ

ここが
大切！
　帯分数は、整数と分数の和であることをおさえよう！

$$○\dfrac{△}{□} = ○ + \dfrac{△}{□}$$

帯分数 ＝整数＋分数

【例】 $5\dfrac{3}{4} = 5 + \dfrac{3}{4}$

帯分数 ＝整数＋分数

## ⌣ ためしてみよう！

□にあてはまる数を入れましょう。

### 1 帯分数のくり上げ

【例】 $2\dfrac{12}{7}$ をくり上げましょう。

解きかた

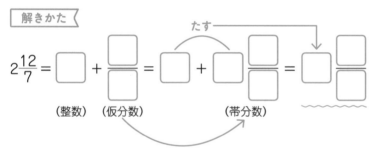

※このように、**帯分数の整数部分を1大きくして、正しい帯分数に直すこと**を
「帯分数のくり上げ」といいます。

### 2 帯分数のくり下げ

【例】 $4\dfrac{1}{5}$ をくり下げましょう。

解きかた

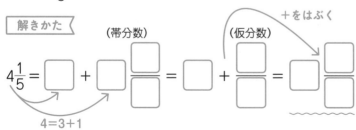

※このように、**帯分数の整数部分を1小さくなるように変形すること**を
「帯分数のくり下げ」といいます。

帯分数のくり上げ、くり下げが
できるようになるメリットとは？

帯分数のくり上げ、くり下げは、小学校の教科書にも載っていますが、あまりくわしくは解説されていません。

しかし、この本では、1項目まるごと使って解説しています。なぜなら、分数のたし算と引き算を速く正確に計算するために、「帯分数のくり上げ、くり下げ」をスムーズにできるようになることがとても大切だからです。どう役に立つかは、次の項目で解説します。

## 解いてみよう！

答えは別冊8ページ

**1** 次の分数をくり上げましょう。

(1) $2\dfrac{5}{3}$　　　　(2) $8\dfrac{11}{6}$　　　　(3) $15\dfrac{31}{24}$

**2** 次の分数をくり下げましょう。

(1) $3\dfrac{3}{4}$　　　　(2) $6\dfrac{1}{9}$　　　　(3) $21\dfrac{15}{17}$

## チャレンジしてみよう！

答えは別冊8ページ

次の問いに答えましょう。

（1） $18\dfrac{23}{20}$ をくり上げましょう。

（2）（1）の答えで求めた分数をくり下げると、$18\dfrac{23}{20}$ になることをたしかめましょう。

# 5 分母が同じ分数のたし算と引き算

ここが
大切！

分数のたし算で、帯分数のくり上げ
分数の引き算で、帯分数のくり下げ　}を使えるときは積極的に使おう！

## ためしてみよう！

□にあてはまる数を入れましょう。

### 1 分母が同じ分数のたし算

(1) $\frac{3}{7}+\frac{6}{7}$

分母は
そのままにして
分子をたす

帯分数に直す

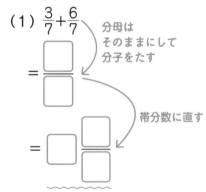

(2) $1\frac{8}{9}+3\frac{7}{9}$

整数部分の
1と3をたして
分子の8と7をたす

帯分数の
くり上げ

約分する
(忘れずに！)

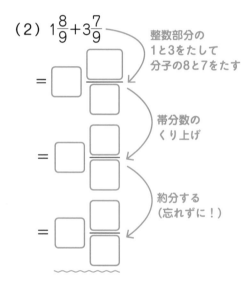

### 2 分母が同じ分数の引き算

(1) $\frac{14}{15}-\frac{8}{15}$

分母は
そのままにして
分子を引く

約分する
(忘れずに！)

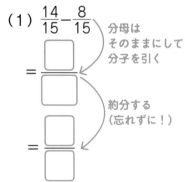

(2) $6\frac{5}{18}-3\frac{11}{18}$

5から11は引けないので
帯分数のくり下げをする

整数どうしと
分子どうしを
それぞれ引く

約分する
(忘れずに！)

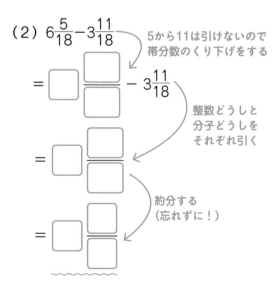

仮分数に直して計算するのと、
どちらが速い？

左ページの **1**（2）のたし算、**2**（2）の
引き算はどちらも、次のように、仮分数に
直して計算することもできます。

**1**（2）たし算

$$1\frac{8}{9}+3\frac{7}{9}=\frac{17}{9}+\frac{34}{9}=\frac{51}{9}=5\frac{6}{9}=5\frac{2}{3}$$

**2**（2）引き算

$$6\frac{5}{18}-3\frac{11}{18}=\frac{113}{18}-\frac{65}{18}=\frac{48}{18}=2\frac{12}{18}=2\frac{2}{3}$$

しかし、このように仮分数に直して計算すると、
途中式で分子が大きくなり、途中式の数も増え
てしまいます。
そのため「帯分数のくり上げ、くり下げ」を使っ
た方法のほうが速く正確に計算できます。

## 🐣 解いてみよう！

答えは別冊8ページ

次の計算をしましょう。

(1) $\dfrac{9}{11}+\dfrac{5}{11}$

(2) $2\dfrac{5}{6}+3\dfrac{5}{6}$

(3) $4\dfrac{3}{10}+3\dfrac{7}{10}$

(4) $\dfrac{5}{8}-\dfrac{1}{8}$

(5) $5\dfrac{1}{12}-\dfrac{5}{12}$

(6) $10\dfrac{11}{30}-8\dfrac{17}{30}$

## 🐓 チャレンジしてみよう！

答えは別冊8ページ

次の計算をしましょう。

$$5\frac{1}{27}+3\frac{4}{27}-2\frac{26}{27}$$

🐤 ためしてみよう！のこたえ

**1** (1) $\dfrac{3}{7}+\dfrac{6}{7}=\dfrac{9}{7}=1\dfrac{2}{7}$　(2) $1\dfrac{8}{9}+3\dfrac{7}{9}=4\dfrac{15}{9}=5\dfrac{6}{9}=5\dfrac{2}{3}$

**2** (1) $\dfrac{14}{15}-\dfrac{8}{15}=\dfrac{6}{15}=\dfrac{2}{5}$　(2) $6\dfrac{5}{18}-3\dfrac{11}{18}=5\dfrac{23}{18}-3\dfrac{11}{18}=2\dfrac{12}{18}=2\dfrac{2}{3}$

〈5年生〉

# 6 分母が違う分数のたし算と引き算

ここが大切！　**分母を最小公倍数にそろえて通分してから計算しよう！**

## ∼ ためしてみよう！

□にあてはまる数を入れましょう。

### 1 分母が違う分数のたし算

（1） $\frac{5}{6}+\frac{1}{4}$　分母を最小公倍数に通分する

分子をたす

帯分数に直す

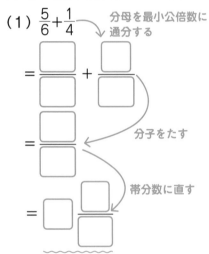

（2） $1\frac{7}{10}+2\frac{5}{6}$　分母を最小公倍数に通分する

整数どうしと分子どうしをそれぞれたす

帯分数のくり上げ

約分する

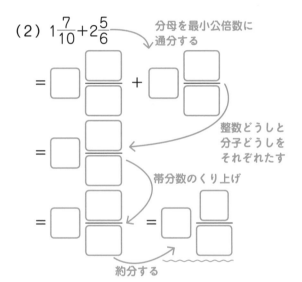

### 2 分母が違う分数の引き算

（1） $\frac{7}{8}-\frac{1}{6}$　分母を最小公倍数に通分する

分子を引く

（2） $5\frac{10}{21}-1\frac{9}{14}$　分母を最小公倍数に通分する

帯分数のくり下げ

整数どうしと分子どうしをそれぞれ引く

約分する

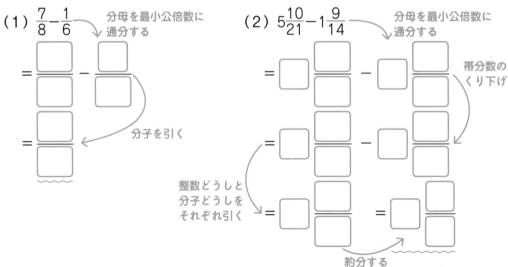

## 3つのステップで計算しよう！

分母が違う分数のたし算と引き算は次の３つのステップによって計算できます。

> ① 分母を最小公倍数に通分する
> ② （整数どうしと）分子どうしをそれぞれたす（引く）
> ③ 約分する

計算によっては、途中で帯分数のくり上げ（くり下げ）が入ったり、約分のステップがない場合もありますが、基本的にはこの３つのステップで計算できます。この計算の流れをマスターするためには、反復練習が重要です。反復練習によって、計算の流れを身につけていきましょう。

## 🐣 解いてみよう！

答えは別冊8ページ

次の計算をしましょう。

(1) $\dfrac{2}{3}+\dfrac{1}{2}$

(2) $2\dfrac{11}{16}+\dfrac{3}{4}$

(3) $5\dfrac{37}{40}+3\dfrac{11}{30}$

(4) $\dfrac{3}{4}-\dfrac{1}{6}$

(5) $3\dfrac{1}{5}-\dfrac{14}{25}$

(6) $7\dfrac{1}{10}-2\dfrac{4}{15}$

## 🐔 チャレンジしてみよう！

答えは別冊8ページ

$2\dfrac{1}{3}$ L のジュースがありましたが、そのうち0.7L を飲みました。ジュースは何 L 残っていますか。

**答え**

 ためしてみよう！のこたえ

**1** (1) $\dfrac{5}{6}+\dfrac{1}{4}=\dfrac{10}{12}+\dfrac{3}{12}=\dfrac{13}{12}=1\dfrac{1}{12}$　(2) $1\dfrac{7}{10}+2\dfrac{5}{6}=1\dfrac{21}{30}+2\dfrac{25}{30}=3\dfrac{46}{30}=4\dfrac{16}{30}=4\dfrac{8}{15}$

**2** (1) $\dfrac{7}{8}-\dfrac{1}{6}=\dfrac{21}{24}-\dfrac{4}{24}=\dfrac{17}{24}$　(2) $5\dfrac{10}{21}-1\dfrac{9}{14}=5\dfrac{20}{42}-1\dfrac{27}{42}=4\dfrac{62}{42}-1\dfrac{27}{42}=3\dfrac{35}{42}=3\dfrac{5}{6}$

# 7 分数のかけ算

ここが
大切！
**約分できる分数のかけ算は、かける前に約分しよう！**

## ～ ためしてみよう！

□にあてはまる数を入れましょう。

### 1 約分できない分数のかけ算

（1） $\dfrac{3}{5} \times \dfrac{1}{4}$

分母どうし、
分子どうしを
かける

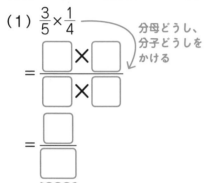

（2） $2\dfrac{5}{6} \times 1\dfrac{2}{3}$

仮分数に直す

分母どうし、
分子どうしを
かける

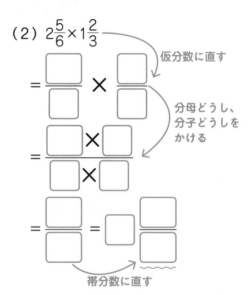

帯分数に直す

### 2 約分できる分数のかけ算

（1） $\dfrac{2}{15} \times \dfrac{9}{14}$

2と14、9と15を
それぞれ約分

かける前に約分

（2） $2\dfrac{7}{9} \times 3\dfrac{3}{10}$

仮分数に直す

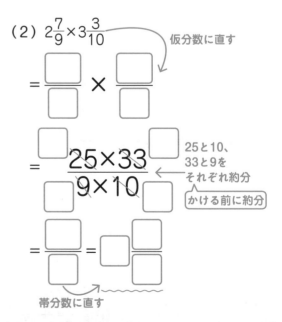

25と10、
33と9を
それぞれ約分

かける前に約分

帯分数に直す

## 「分数×小数」も計算できるようになろう！

分数×小数（または、小数×分数）の計算も、分数か小数のどちらかにそろえれば計算できます。

[例]　「$\frac{3}{5} \times 0.3$」の計算なら、次の2通りの解きかたがあります。

解きかた1　分数にそろえる

$$\frac{3}{5} \times 0.3 = \frac{3}{5} \times \frac{3}{10} = \frac{9}{50}$$

解きかた2　小数にそろえる

$$\frac{3}{5} \times 0.3 = 0.6 \times 0.3 = 0.18$$

$\frac{9}{50} = 0.18$ なので、どちらの方法でも解けることがわかりますが、分数の中には小数に直せないものもあります（$\frac{1}{3} = 0.333$ …など）。そのような場合は、分数にそろえて計算するようにしましょう。

## 🐣 解いてみよう！

答えは別冊9ページ

次の計算をしましょう。

(1) $\frac{1}{3} \times \frac{5}{6}$

(2) $\frac{5}{8} \times 3$

(3) $3\frac{1}{2} \times 2\frac{5}{9}$

(4) $\frac{9}{25} \times \frac{5}{12}$

(5) $20 \times \frac{7}{30}$

(6) $1\frac{2}{9} \times 1\frac{5}{22}$

## 🐔 チャレンジしてみよう！

答えは別冊9ページ

次の計算をしましょう。

$$2\frac{5}{6} \times \frac{9}{34} \times 1\frac{7}{9}$$

ためしてみよう！のこたえ

1 (1) $\frac{3}{5} \times \frac{1}{4} = \frac{3 \times 1}{5 \times 4} = \frac{3}{20}$　(2) $2\frac{5}{6} \times 1\frac{2}{3} = \frac{17}{6} \times \frac{5}{3} = \frac{17 \times 5}{6 \times 3} = \frac{85}{18} = 4\frac{13}{18}$

2 (1) $\frac{2}{15} \times \frac{9}{14} = \frac{1\ 2 \times 9\ 3}{5\ 15 \times 14\ 7} = \frac{3}{35}$　(2) $2\frac{7}{9} \times 3\frac{3}{10} = \frac{25}{9} \times \frac{33}{10} = \frac{5\ 25 \times 33\ 11}{3\ 9 \times 10\ 2} = \frac{55}{6} = 9\frac{1}{6}$

# 8 分数の割り算

ここが大切！ 「分数の割り算で、ひっくり返してかける理由」をおさえよう！

## ためしてみよう！

□にあてはまる数を入れましょう。

### 1 逆数とは

逆数の ┤ ざっくりした意味…分数の分母と分子をひっくり返した数

本当の意味…2つの数をかけた答えが1になるとき、一方の数をもう一方の数の逆数という

【例】 次の数の逆数を答えましょう。

(1) $\frac{3}{7}$　　　　　(2) $6\frac{1}{4}$　　　　　(3) 5

解きかた

(1) $\frac{3}{7}$ ╳ 逆数 □/□

答え □/□ （または □/□ ）

(2) 帯分数 仮分数 逆数 $6\frac{1}{4} = \frac{□}{□}$ ╳ $\frac{□}{□}$

答え □/□

(3) 整数 仮分数 逆数 $5 = \frac{□}{□}$ ╳ $\frac{□}{□}$

答え □/□

### 2 分数の割り算

(1) $\frac{4}{5} \div \frac{5}{6}$

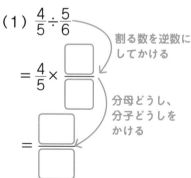

割る数を逆数にしてかける

$= \frac{4}{5} \times \frac{□}{□}$

分母どうし、分子どうしをかける

$= \frac{□}{□}$

(2) $1\frac{5}{9} \div 1\frac{13}{15} = \frac{□}{□} \div \frac{□}{□}$

← 仮分数に直す

$= \frac{□}{□} \times \frac{□}{□}$

割る数を逆数にしてかける

かける前に約分 → $= \frac{14 \times 15}{9 \times 28} = \frac{□}{□}$

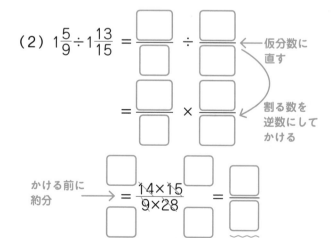

## 分数の割り算では、なぜひっくり返すのか？

分数の割り算では、割る数の逆数をかけて計算しますが、そのように計算する理由について答えられない人も多いようです。そこで、その理由について解説します。

割り算には、「割られる数と割る数に、同じ数をかけても答えはかわらない」という性質があり、この性質を使って説明できます。

【例】 $\frac{4}{5} \div \frac{5}{6} = \frac{4}{5} \times \frac{6}{5}$ になる理由

$\frac{4}{5} \div \frac{5}{6}$ の計算で、割る数の $\frac{5}{6}$ を 1 にするために、割られる数と割る数に $\frac{6}{5}$ をかける

と、下のようになります。

$$\frac{4}{5} \div \frac{5}{6} \quad \text{割られる数と割る数に}\frac{6}{5}\text{をかける}$$

$$= \left(\frac{4}{5} \times \frac{6}{5}\right) \div \left(\frac{5}{6} \times \frac{6}{5}\right)$$

$$= \left(\frac{4}{5} \times \frac{6}{5}\right) \div 1 \quad \text{割る数が1になる}$$

$$= \frac{4}{5} \times \frac{6}{5}$$

これにより、「$\frac{4}{5} \div \frac{5}{6} = \frac{4}{5} \times \frac{6}{5}$」と式が変形できるので、分数の割り算では、割る数の逆数をかける理由が説明できました。「割り算の性質」を使って説明できることをおさえましょう。

## 解いてみよう！

答えは別冊9ページ

次の計算をしましょう。

(1) $\frac{2}{9} \div \frac{3}{5}$

(2) $\frac{3}{10} \div 9$

(3) $1\frac{17}{18} \div 1\frac{5}{9}$

## チャレンジしてみよう！

答えは別冊9ページ

次の計算をしましょう。

$2\frac{2}{3} \times 1\frac{11}{16} \div 2\frac{1}{4}$

ためしてみよう！のこたえ

1 (1) $\frac{7}{3}$ 答え $\frac{7}{3}\left(2\frac{1}{3}\right)$ (2) $\frac{25}{4}$ $\frac{4}{25}$ 答え $\frac{4}{25}$ (3) $\frac{5}{1}$ $\frac{1}{5}$ 答え $\frac{1}{5}$

2 (1) $\frac{4}{5} \div \frac{5}{6} = \frac{4}{5} \times \frac{6}{5} = \frac{24}{25}$ (2) $1\frac{5}{9} \div 1\frac{13}{15} = \frac{14}{9} \div \frac{28}{15} = \frac{14}{9} \times \frac{15}{28} = \frac{14 \times 15}{9 \times 28} = \frac{5}{6}$

# 分数の計算
# まとめテスト

答えは別冊9ページ

※何度も復習したい方は、直接書き込まずノートを使うとよいでしょう。

**1** （1）と（2）の仮分数を、帯分数か整数に直しましょう。
また、（3）の帯分数を仮分数に直しましょう。

[各4点、計12点]

（1）$\dfrac{35}{4}$ 　　　　　（2）$\dfrac{27}{9}$ 　　　　　（3）$5\dfrac{3}{10}$

答え＿＿＿＿＿　　　答え＿＿＿＿＿　　　答え＿＿＿＿＿

**2** （1）と（2）の分数を約分し、（3）の分数を通分しましょう。

[（1）（2）…各4点、（3）…5点、計13点]

（1）$\dfrac{15}{20}$ 　　　　　（2）$\dfrac{64}{96}$ 　　　　　（3）$\dfrac{5}{16}$ 、$\dfrac{9}{20}$

答え＿＿＿＿＿　　　答え＿＿＿＿＿　　　答え＿＿＿＿＿

**3** 次の分数は小数に直し、小数は分数に直しましょう。

[各5点、計20点]

（1）$\dfrac{1}{4}$ 　　　（2）$1\dfrac{16}{25}$ 　　　（3）0.15 　　　（4）3.625

答え＿＿＿＿　　答え＿＿＿＿　　答え＿＿＿＿　　答え＿＿＿＿

**4** 次の計算をしましょう。

[各5点、計45点]

(1) $\dfrac{3}{5}+\dfrac{4}{5}$

(2) $2\dfrac{1}{6}-\dfrac{5}{6}$

(3) $\dfrac{3}{4}-\dfrac{2}{3}$

(4) $3\dfrac{1}{10}-\dfrac{1}{2}$

(5) $2\dfrac{31}{35}+1\dfrac{3}{14}$

(6) $\dfrac{7}{8}\times\dfrac{3}{5}$

(7) $1\dfrac{4}{5}\times3\dfrac{8}{9}$

(8) $6\dfrac{1}{3}\div\dfrac{2}{5}$

(9) $5\dfrac{5}{12}\div3\dfrac{1}{8}$

**5** 計算の順序（16ページ）に気をつけて、次の計算をしましょう。

[10点]

$$\dfrac{3}{5}+1\dfrac{2}{15}\div\left(\dfrac{7}{8}-\dfrac{2}{3}\times\dfrac{1}{4}\right)$$

# 1 さまざまな四角形

ここが
大切！ **さまざまな四角形の意味と違いをおさえよう！**

## ためしてみよう！

□にあてはまる数や言葉を入れましょう。

### 1 四角形とは

**4本の直線でかこまれた形を** □ **といいます。**

四角形の内角（内側の角）の和は □ 度です。

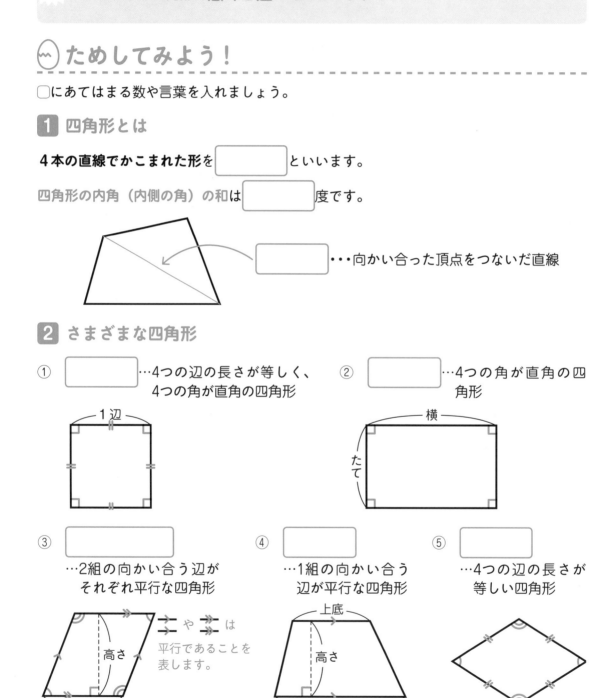

□ ・・・向かい合った頂点をつないだ直線

### 2 さまざまな四角形

① □ ・・・4つの辺の長さが等しく、
4つの角が直角の四角形

② □ ・・・4つの角が直角の四角形

③ □
・・・2組の向かい合う辺が
それぞれ平行な四角形

→→ や ⇒⇒ は
平行であることを
表します。

④ □
・・・1組の向かい合う
辺が平行な四角形

⑤ □
・・・4つの辺の長さが
等しい四角形

## 垂直と平行の意味をおさえよう！

垂直や平行という言葉の意味を、小学校ではどう教わるか知っていますか？

まず垂直の意味についてみていきましょう。「直線と直線が交わってつくる角が直角（90度の角）であるとき、この2本の直線は垂直である」というのが、垂直の正しい意味です。

一方、平行の意味について、小学校では「1本の直線に2本の直線が垂直に交わっているとき、この2本の直線は平行である」のように学びます。それぞれの正しい意味をおさえましょう。

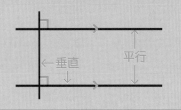

# 🐣 解いてみよう！

答えは別冊10ページ

次の☐にあてはまる数を入れましょう。

（1）正方形

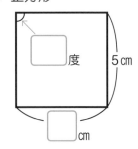

（2）平行四辺形

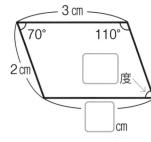

※下のヒント参照

（3）ひし形

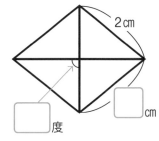

※下のヒント参照

💡ヒント
　（2）平行四辺形には、①「向かい合った辺の長さは等しい」、②「向かい合った角の大きさは等しい」という性質があります。
　（3）ひし形には、「対角線が垂直に交わる」という性質があります。また、平行四辺形と同じように、①「向かい合った辺の長さは等しい」、②「向かい合った角の大きさは等しい」という性質もあります。

# 🐔 チャレンジしてみよう！

答えは別冊10ページ

正方形、長方形、平行四辺形、台形、ひし形のうち、「向かい合った2組の角の大きさが、それぞれ等しい四角形」をすべて答えましょう。

## 答え

🥚 ためしてみよう！のこたえ

1 （上から順に）四角形、360、対角線
2 ①正方形　②長方形　③平行四辺形　④台形　⑤ひし形

# 2 四角形の面積

> **ここが大切！** さまざまな四角形の面積の求めかたをおさえよう！

## ⌣ ためしてみよう！

□にあてはまる数を入れましょう。

### 1 面積とは

**広さのことを面積といいます。**
**面積の単位の1つに、㎠（読みかたは平方センチメートル）があり、1辺が1cm の正方形の面積が1㎠です。**

### 2 四角形の面積

**【例】** 次の四角形の面積をそれぞれ求めましょう。

（1）正方形　　（2）長方形　　　（3）平行四辺形　　　（4）台形　　（5）ひし形

1辺8cm

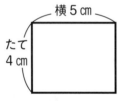
横5cm
たて 4cm

高さ 9cm
底辺6cm

上底3cm
高さ 5cm
下底7cm

対角線12cm
対角線8cm

> 解きかた

（1）正方形の面積＝ 1辺 □ × 1辺 □ ＝ □ ㎠

（2）長方形の面積＝ たて □ × 横 □ ＝ □ ㎠

（3）平行四辺形の面積＝ 底辺 □ × 高さ □ ＝ □ ㎠

（4）台形の面積＝（ 上底 □ ＋ 下底 □ ）× 高さ □ ÷ 2 □ ＝ □ ㎠

（5）ひし形の面積＝ 対角線 □ × 対角線 □ ÷ 2 □ ＝ □ ㎠

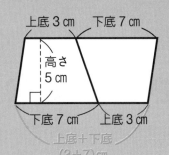

上底 3 cm　下底 7 cm
高さ 5 cm
下底 7 cm　上底 3 cm
上底＋下底
（3＋7）cm

## 「（上底＋下底）×高さ÷2」で台形の面積が求められる理由とは？

台形の面積は「（上底＋下底）×高さ÷2」で求められますが、この公式をややこしく感じる子もいるようです。

台形の面積が、なぜこの公式で求められるのか、その理由を解説します。左ページの **2**（4）の台形2つを上下さかさまにしてくっつけると、右のように、平行四辺形になります。

もとの台形の上底と下底をたした長さが、平行四辺形の底辺の長さになります。

そのため、この平行四辺形の面積は、「（上底＋下底）×高さ」で求められます。

そして、もとの台形の面積は平行四辺形の面積の半分なので、「（上底＋下底）×高さ÷2」で求められるのです。

※「平行四辺形の面積＝底辺×高さ」が成り立つ理由については、69ページの お子さんに教えたいアドバイス！ の後半を見てください。

## 解いてみよう！

答えは別冊10ページ

次の四角形の面積をそれぞれ求めましょう。

（1）正方形　　（2）長方形　　（3）平行四辺形　　（4）台形　　（5）ひし形

14 cm

6 cm　8 cm

2 cm　5 cm

4 cm　8 cm　11 cm

6 cm　9 cm

（1）
【式】

（2）
【式】

（3）
【式】

答え＿＿＿　　答え＿＿＿　　答え＿＿＿

（4）
【式】

（5）
【式】

答え＿＿＿　　答え＿＿＿

## チャレンジしてみよう！

答えは別冊10ページ

次の台形の面積は35㎠です。このとき、□にあてはまる数を求めましょう。

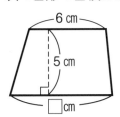

6 cm　5 cm　□cm

答え＿＿＿

ためしてみよう！のこたえ　(1) 8×8＝64㎠　(2) 4×5＝20㎠　(3) 6×9＝54㎠
(4) (3＋7)×5÷2＝25㎠　(5) 8×12÷2＝48㎠または12×8÷2＝48㎠

# 3 さまざまな三角形

**さまざまな三角形の意味と違いをおさえよう！**

## ためしてみよう！

□にあてはまる数や言葉を入れましょう。

### 1 三角形とは

**3本の直線でかこまれた形を** [　　　] **といいます。**

三角形の内角の和は [　　　] 度です。

### 2 さまざまな三角形

① [　　　] …3つの辺の長さが等しい三角形

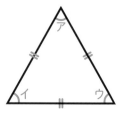

※正三角形では、3つの角（図のア、イ、ウ）がどれも [　] 度であるという性質があります。

② [　　　] …2つの辺の長さが等しい三角形

※二等辺三角形では、2つの角（図のエとオ）が等しいという性質があります。

③ [　　　] …1つの角が直角である三角形

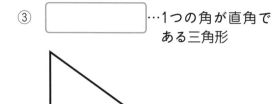

④ [　　　] …2つの辺の長さが等しく、この2つの辺の間の角が直角の三角形

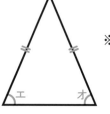

※三角形の内角の和は180度なので、カ＋キ＝180－90＝90度。カとキの大きさは等しいので、カ＝キ＝90÷2＝ [　] 度

## 三角定規を2枚合わせると…？

三角定規には2種類の形があります。1つめは、左ページでも紹介した直角二等辺三角形の形です。3つの角は45°、45°、90°で、2枚合わせると下のように正方形になります。

2つめは、3つの角が30°、60°、90°の直角三角形の形です。この三角定規を2枚合わせると、下のように正三角形になるので、おさえておきましょう。

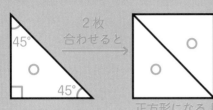

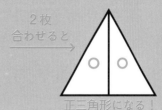

# 解いてみよう！

答えは別冊10ページ

次の三角形の名前をそれぞれ、□に書きましょう。

（1）

13 cm　12 cm　5 cm

（2）
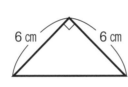
6 cm　6 cm

（3）
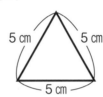
5 cm　5 cm　5 cm

（4）
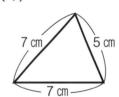
7 cm　5 cm　7 cm

（1）1つの角が直角なので、

（2）2つの辺の長さが等しく、この2つの辺の間の角が直角なので、

（3）3つの辺の長さが等しいので、

（4）2つの辺の長さが等しいので、

# チャレンジしてみよう！

答えは別冊10ページ

次の三角形 ABC は、辺 AB と辺 AC の長さが等しい直角二等辺三角形です。このとき、角アの大きさを答えましょう。

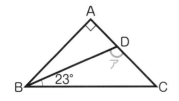

A　D　ア
B　23°　C

**答え**

ためしてみよう！のこたえ　　1 三角形、180　2 ①正三角形、60　②二等辺三角形
③直角三角形　④直角二等辺三角形、45

67

# 4 三角形の面積

ここが
大切！ **高さが三角形の外にあるとき**に注意しよう！

## ためしてみよう！

□にあてはまる数を入れましょう。

三角形の面積は「**底辺×高さ÷2**」で求められます。

(この公式が成り立つ理由については、右のページの お子さんに教えたいアドバイス！ を見てください。)

**【例】** 次の三角形 ABC の面積をそれぞれ求めましょう。

（1）

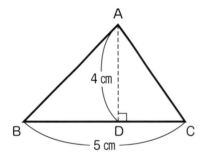

（2）

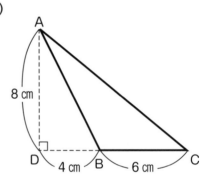

解きかた

（1）三角形 ABC の**高さ**とは、底辺 BC に垂直な **AD の長さ**のことです。

だから、高さは □ cmです。

（1）の三角形の面積＝ □ × □ ÷ □ ＝ □ cm²
　　　　　　　　　　底辺 × 高さ ÷ 2

（2）このような形の三角形の場合、BC（6cm）を底辺とすると、**底辺を延長した直線 DB に垂直な AD の長さが高さ**になります。

だから、高さは □ cmです（高さが三角形の外にあります）。

（2）の三角形の面積＝ □ × □ ÷ □ ＝ □ cm²
　　　　　　　　　　底辺 × 高さ ÷ 2

## 三角形の面積が「底辺×高さ÷2」で求められる理由とは？

左ページの（1）の三角形を2枚くっつけると、次のように平行四辺形になります。

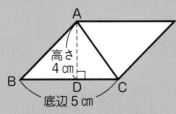

この平行四辺形の面積は、
底辺×高さ＝5×4＝20㎠です。

三角形ABCの面積は平行四辺形の半分なので、5×4÷2＝10㎠と求められます。
つまり、三角形の面積は「底辺×高さ÷2」で求めることができるのです。
ちなみに、平行四辺形の面積が「底辺×高さ」で求められる理由は、平行四辺形を次のように長方形に変形できるからです。

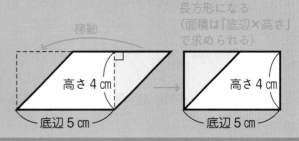

---

## 🐣 解いてみよう！

答えは別冊10ページ

次の三角形ABCの面積をそれぞれ求めましょう。

（1）
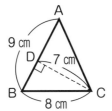

（2）
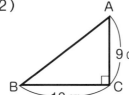

（3）
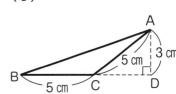

答え ＿＿＿＿＿＿＿＿　　答え ＿＿＿＿＿＿＿＿　　答え ＿＿＿＿＿＿＿＿

---

## 🐓 チャレンジしてみよう！

答えは別冊10ページ

次の三角形の面積は75㎠です。このとき、□にあてはまる数を答えましょう。

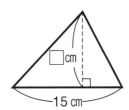

答え ＿＿＿＿＿＿＿＿

# 5 多角形とは

ここが大切！
「N角形の内角の和＝180×（N－2）」である理由をおさえよう！

## ～ ためしてみよう！

□にあてはまる数や言葉（図形の名前など）を入れましょう。

### 1 多角形と正多角形

_____ とは、三角形、四角形、五角形…などのように、直線でかこまれた図形のことです。

また、_____ とは、辺の長さがすべて等しく、角の大きさもすべて等しい多角形のことです。

[多角形の例]

[正多角形の例]

### 2 多角形の内角の和

四角形
↓2を引く
2この三角形

五角形
↓2を引く
3この三角形

六角形
↓2を引く
4この三角形

N 角形
・・・ ↓2を引く
（N－2）この三角形

上の図のように、N角形の1つの頂点から対角線を引くと、（N－2）この三角形に分けられます。三角形の内角の和は□度なので、「N角形の内角の和＝180×（N－2）」であることがわかります。

## 正多角形の1つの内角の大きさは？

次の問題を解けるでしょうか？

【例】 正五角形の1つの内角の大きさは
　　　何度ですか。

この問題の場合、まず五角形の内角の和を求めます。

「N角形の内角の和＝180 ×（N − 2）」なので、五角形の内角の和は

180 ×（5 − 2）＝540 度です。

そして、正五角形の5つの内角の大きさはすべて等しいので、正五角形の1つの内角の大きさは、540 ÷ 5 ＝ 108 度と求められます。

## 🐣 解いてみよう！

答えは別冊11ページ

次の問いに答えましょう。

（1） 十角形の内角の和は何度ですか。

答え _____

（2） 次の多角形の内角の和は何度ですか。

答え _____

（3） 正九角形の1つの内角の大きさは何度ですか。

答え _____

## 🐔 チャレンジしてみよう！

答えは別冊11ページ

次の多角形で、アとイの角の大きさをそれぞれ答えましょう。

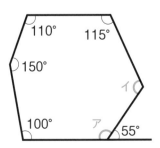

答え　ア … _____　　イ … _____

 ためしてみよう！のこたえ　　1 多角形、正多角形　【多角形の例】五角形、六角形　【正多角形の例】正五角形、正六角形　2 180　　71

PART
5

平面図形

# 6 円周の長さと円の面積

ここが大切！ **円周の長さを求める公式**と、**円の面積を求める公式**を混同しないように気をつけよう！

## ためしてみよう！

□にあてはまる数や言葉を入れましょう。

### 1 円とは

ある点から同じ長さになるようにかいた丸い形を
円といいます。

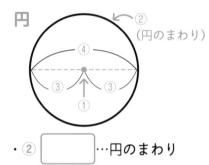

円

② （円のまわり）

- ① ［　　　］…円の真ん中の点
- ② ［　　　］…円のまわり
- ③ ［　　　］…中心から円周まで引いた直線
- ④ ［　　　］…中心を通り、円周から円周まで引いた直線
- 円周率…円周の長さを直径の長さで割った数。円周率は3.141592…と無限に続く小数ですが、小学校で習う算数では、ふつう**3.14**を使います。

### 2 円周の長さと円の面積の求めかた

右の円について、問いに答えましょう。
ただし、円周率は3.14とします。

（1）円周の長さは何cmですか。
（2）この円の面積は何cm²ですか。

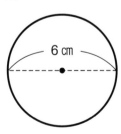

6 cm

解きかた

（1）「円周の長さ＝直径×円周率」なので、［　　　］×［　　　］＝［　　　］cm

（2）この円の半径は、6÷［　　　］＝［　　　］cmです。

「円の面積＝半径×半径×円周率」なので、［　　　］×［　　　］×［　　　］＝［　　　］cm²

### 2つの公式を混同しないように注意しよう！

円周の長さは「直径×円周率」によって求められます。

直径は半径の2倍なので、円周の長さは、「半径×2×円周率」という公式によっても求めることができます。

この公式は円の面積を求める公式とにています。

円周の長さ＝半径× 2 ×円周率
円の面積＝半径×半径×円周率

上のように、波線を引いた「2」と「半径」の部分が違うだけです。混同しないように気をつけましょう。

## 🐣 解いてみよう！

答えは別冊11ページ

次の円について、問いに答えましょう。ただし、円周率は3.14とします。

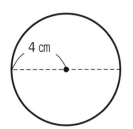

（1）円周の長さは何cmですか。

答え _____

（2）この円の面積は何cm²ですか。

答え _____

## 🐓 チャレンジしてみよう！

答えは別冊11ページ

円周の長さが43.96cmの円があります。このとき、次の問いに答えましょう。ただし、円周率は3.14とします。

（1）この円の半径は何cmですか。

答え _____

（2）この円の面積は何cm²ですか。

答え _____

・2つの半径で円を切り取った形である「おうぎ形」や、「おうぎ形の弧の長さと面積」について学びたい方は、特典PDFをダウンロードしてください（5ページ参照）。

 ためしてみよう！のこたえ
1 ①中心 ②円周 ③半径 ④直径
2 （1）6×3.14＝18.84cm （2）6÷2＝3cm、3×3×3.14＝28.26cm²

# 7 線対称とは

線対称と対称の軸の意味をおさえよう！

## ためしてみよう！

□にあてはまる言葉（アルファベット）を入れましょう。

### 1 線対称とは

右の図形は、直線アイを折り目にして折り曲げると、両側の部分がぴったり重なります。このような図形を □□□□□ な形といいます。そして折り目の直線アイのことを対称の軸といいます。

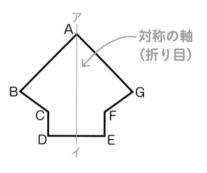

対称の軸（折り目）

### 2 対応する点、辺、角とは

①対応する点      ②対応する辺      ③対応する角

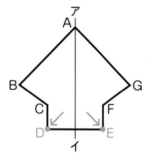 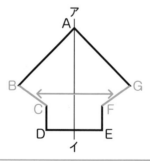 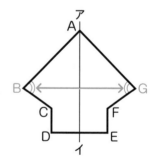

この図形を、対称の軸アイを折り目にして折り曲げると、点Dと点□は重なります。このように、**重なる点のこと**を □□□□□ といいます。

点B、点Cがそれぞれ点G、点Fに対応するので、対応する順に書く

また、辺BCと辺□□ が重なります。このように、**重なる辺のこと**を □□□□□ といいます。

さらに、角Bと角□ が重なります。このように、**重なる角のこと**を □□□□□ といいます。

## 線対称な形の2つの性質をおさえよう！

線対称な形には次の2つの性質があります。
①対応する辺の長さは等しい
②対応する角の大きさは等しい

まず①の性質についてです。左ページの図では、辺 BC と辺 GF が対応していました。「対応する辺の長さは等しい」ので、例えば、辺 BC が 3cm なら、辺 GF も 3cm だということです。
次に、②の性質についてです。先ほどの図では、角 B と角 G が対応していました。

「対応する角の大きさは等しい」ので、例えば、角 B が 82 度なら、角 G も 82 度だということです。
線対称な形の2つの性質をおさえましょう。

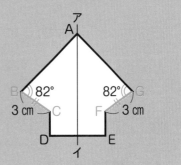

## 解いてみよう！

答えは別冊11ページ

右の図形は、直線アイを対称の軸とする線対称な形です。このとき、次の問いに答えましょう。

（1）点 B に対応する点はどれですか。

答え _____

（2）辺 BC に対応する辺はどれですか。

答え _____

（3）角 C に対応する角はどれですか。

答え _____

## チャレンジしてみよう！

答えは別冊11ページ

次の図形は正五角形です。正五角形に対称の軸は何本ありますか。

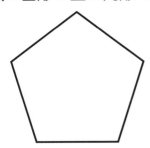

答え _____

PART
5

平面図形

# 8 点対称とは
てんたいしょう

## ためしてみよう！

□にあてはまる数と言葉（アルファベット）を入れましょう。

### 1 点対称とは

右の平行四辺形は、点Oを中心にして180度回転させると、もとの形にぴったり重なります。

このような図形を [    ] な形といいます。

そして、点Oのことを、対称の中心といいます。

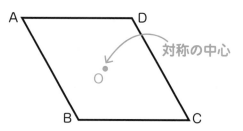
対称の中心

### 2 対応する点、辺、角とは

①対応する点　　　②対応する辺　　　③対応する角

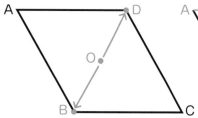

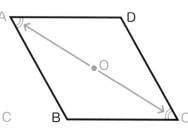

この平行四辺形を、点Oを中心にして [  ] 度回転させると、点Bと点 [  ] は重なります。このように、**重なる点のことを** [        ] といいます。

> 点A、点Dがそれぞれ点C、点Bと対応するので、対応する順に書く

また、辺ADと辺 [    ] が重なります。このように、**重なる辺のことを** [        ] といいます。

さらに角Aと角 [  ] が重なります。このように、**重なる角のことを** [        ] といいます。

## 点対称な形の2つの性質を
おさえよう！

点対称な形には、線対称な形と同じように、
次の2つの性質があります。
①対応する辺の長さは等しい
②対応する角の大きさは等しい
まず①の性質についてです。左ページの平行
四辺形では、辺ADと辺CBが対応していま
した。「対応する辺の長さは等しい」ので、例
えば、辺ADが5cmなら、辺CBも5cmだと
いうことです。

次に、②の性質についてです。先ほどの平行
四辺形では、角Aと角Cが対応していました。
「対応する角の大きさは等しい」ので、例えば、
角Aが60度なら、角Cも60度だというこ
とです。
点対称な形の2つの性質をおさえましょう。

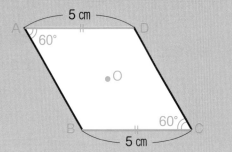

## 🐣 解いてみよう！

答えは別冊11ページ

右の図形は、点Ｏを対称の中心とする点対称
な形です。このとき、次の問いに答えましょう。

（1）点Ｆに対応する点はどれですか。

答え＿＿＿＿＿＿＿＿＿

（2）辺ＡＢに対応する辺はどれですか。

答え＿＿＿＿＿＿＿＿＿

（3）角Ｅに対応する角はどれですか。

答え＿＿＿＿＿＿＿＿＿

## 🐔 チャレンジしてみよう！

答えは別冊11ページ

次の正多角形の中で点対称な形はどれですか。すべて答えましょう。

正三角形

正方形

正五角形

正六角形

答え＿＿＿＿＿＿＿＿＿

# 9 拡大図と縮図

ある図形を、同じ形のまま ┤ 大きくした図が 拡大図
　　　　　　　　　　　　 └ 小さくした図が 縮図

## ためしてみよう！

□にあてはまる数を入れましょう。

**〔例〕** 三角形 DEF は、三角形 ABC の拡大図です。このとき、次の問いに答えましょう。

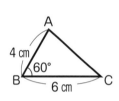
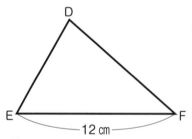

（1）三角形 DEF は、三角形 ABC の何倍の拡大図ですか。
（2）三角形 ABC は、三角形 DEF の何分の1の縮図ですか。
（3）辺 DE の長さは何cmですか。
（4）角 E の大きさは何度ですか。

| 解きかた |

（1）三角形 ABC の辺 BC は、三角形 DEF の辺 EF にあたります（辺 BC と辺 EF は
　　　対応しています）。辺 EF の長さを辺 BC の長さで割ると、□÷□=□倍
　　　の拡大図だとわかります。

（2）辺 BC（6cm）の長さは、辺 EF（12cm）の長さの □/□ です。

　　　だから答えは □/□ の縮図です。

（3）辺 AB と辺 DE は対応しています。辺 DE の長さは、辺 AB の2倍の長さなので、
　　　答えは □×□=□ cmです。

（4）角 E の大きさは □ 度です（理由は お子さんに教えたいアドバイス！ で解説）

## 拡大図と縮図で、対応する角の大きさはどうなる？

左ページの【例】で、三角形 ABC の角 B は、三角形 DEF の角 E にあたります。このとき、「角 B に対応する角は角 E」といいます。

そして「拡大図と縮図では、対応する角の大きさはすべて等しい」という性質があります。角 B の大きさが 60 度なので、対応する角 E の大きさも 60 度になるということです。

## 解いてみよう！

答えは別冊12ページ

長方形 ABCD は、長方形 EFGH の3倍の拡大図です。このとき、後の問いに答えましょう。

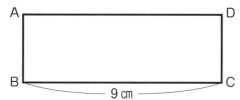

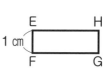

（1）長方形 EFGH は、長方形 ABCD の何分の1の縮図ですか。

答え _____

（2）辺 AB の長さは何㎝ですか。

答え _____

（3）辺 FG の長さは何㎝ですか。

答え _____

## チャレンジしてみよう！

答えは別冊12ページ

 解いてみよう！で、長方形 ABCD の面積は、長方形 EFGH の何倍ですか。

答え _____

ためしてみよう！のこたえ　（1）12÷6＝2倍　（2）$\frac{1}{2}$、$\frac{1}{2}$　（3）4×2＝8㎝　（4）60度

# 平面図形
# まとめテスト

答えは別冊12ページ

※何度も復習したい方は、直接書き込まずノートを使うとよいでしょう。

**1** 次の□にあてはまる数を入れましょう。

[すべて正解で6点、計18点]

（1）ひし形

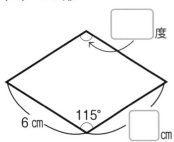

□度

6 cm　115°　□cm

（2）正三角形

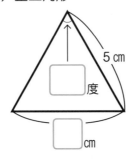

5 cm

□度

□cm

（3）二等辺三角形

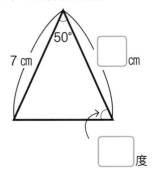

50°

7 cm　□cm

□度

**2** 次の図形の面積をそれぞれ求めましょう。

[各6点、計18点]

（1）台形

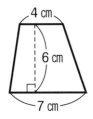

4 cm
6 cm
7 cm

（2）ひし形

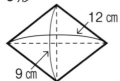

12 cm
9 cm

（3）三角形

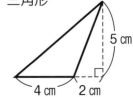

5 cm
4 cm　2 cm

答え＿＿＿＿＿＿　　答え＿＿＿＿＿＿　　答え＿＿＿＿＿＿

**3** 次の多角形で、アの角の大きさを答えましょう。

[10点]

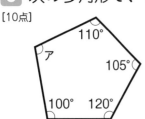

110°
ア
105°
100°　120°

答え＿＿＿＿＿＿＿＿＿＿＿

**4** 次の円について、問いに答えましょう。ただし、円周率は3.14とします。

[各9点、計18点]

（1）円周の長さは何cmですか。

答え ＿＿＿＿＿＿＿＿＿＿

（2）この円の面積は何cm²ですか。

答え ＿＿＿＿＿＿＿＿＿＿

**5** 円周の長さが56.52cmの円があります。このとき、次の問いに答えましょう。ただし、円周率は3.14とします。

[各9点、計18点]

（1）この円の半径は何cmですか。

答え ＿＿＿＿＿＿＿＿＿＿

（2）この円の面積は何cm²ですか

答え ＿＿＿＿＿＿＿＿＿＿

**6** 次のア〜エの図形について、後の問いに答えましょう。

[各9点、計18点]

ア 直角二等辺三角形　　イ 長方形　　ウ 平行四辺形　　エ 直角二等辺三角形

10 cm

5 cm

（1）ア〜エの中で、点対称ではあるが、線対称ではない図形を記号で答えましょう。

答え ＿＿＿＿＿＿＿＿＿＿

（2）エはアの何分の1の縮図ですか。

答え ＿＿＿＿＿＿＿＿＿＿

# 1 立方体と直方体の体積

## ためしてみよう！

□にあてはまる数や言葉を入れましょう。

### 1 立方体と直方体

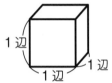

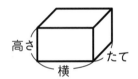

① _____ …正方形だけで囲まれた立体

② _____ …長方形だけ、もしくは長方形と正方形で囲まれた立体

### 2 体積とは

**立体の大きさを** _____ **といいます。** 体積の単位の1つに㎤

（読みかたは立方センチメートル）があります。1辺が1cm

の立方体の体積が ☐ ㎤です。

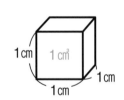

### 3 立方体と直方体の体積の求めかた

**【例】** 次の立体の体積をそれぞれ求めましょう。

立方体

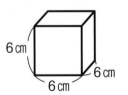

直方体

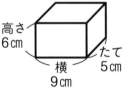

立方体の体積＝1辺×1辺×1辺

$$= \boxed{\phantom{0}} \times \boxed{\phantom{0}} \times \boxed{\phantom{0}}$$

$$= \boxed{\phantom{0000}} ㎤$$

直方体の体積＝たて×横×高さ

$$= \boxed{\phantom{0}} \times \boxed{\phantom{0}} \times \boxed{\phantom{0}}$$

$$= \boxed{\phantom{0000}} ㎤$$

## 直方体の体積は「計算の工夫」で楽に求めよう！

左ページの❸【例】の直方体の体積は、
$5 \times 9 \times 6 = 270 \text{cm}^3$ と求められます。
この式を、左から順に計算すると、$45 \times 6$
の計算が少しややこしいですね。

一方、「かけ算だけの式は、数を並べかえても
答えはかわらない」という性質を使うと、下の
ようにかんたんに計算できます。

$$5 \times 9 \times 6 = 5 \times 6 \times 9 = 30 \times 9$$
$$= 270 \text{cm}^3$$

並べかえる

直方体の面積を求めるとき、この計算の工夫を
使えそうなら、積極的に利用しましょう。

## 🐣 解いてみよう！

答えは別冊12ページ

（1）の立方体と、（2）（3）の直方体の体積をそれぞれ求めましょう。

（1）
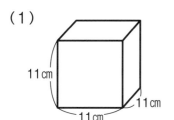

（2）
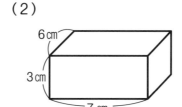

（3）
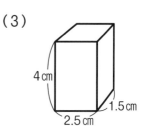

答え _____　　答え _____　　答え _____

## 🐔 チャレンジしてみよう！

答えは別冊12ページ

次の立体は直方体と立方体を組み合わせた形です。この立体の体積を求め
ましょう。

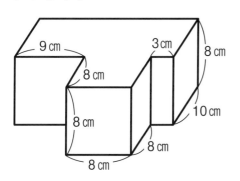

答え _____

 ためしてみよう！のこたえ

❶ ①立方体　②直方体　❷ 体積、1
❸ 立方体 $6 \times 6 \times 6 = 216 \text{cm}^3$　直方体 $5 \times 9 \times 6 = 270 \text{cm}^3$

# 2 容積とは

容積とは「入れ物の中いっぱいに入る水の体積」であることをおさえよう！

## ためしてみよう！

□にあてはまる数を入れましょう。

### 1 容積の単位

容積の単位としてよく使われるのが L（読みかたは リットル）です。

1L = ☐ ㎤ です。

### 2 容積とは

**[例]** 次の入れ物について、後の問いに答えましょう。
ただし、入れ物の厚みは考えないものとします。

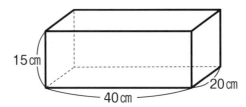

（1）この入れ物の容積は何㎤ですか。また、何 L ですか。

（2）この入れ物に4.8L の水を入れると、水の深さは何㎝になりますか。

解きかた

（1）容積とは「入れ物の中いっぱいに入る水の体積」のことです。この入れ物は直方体の形をしているので、「直方体の体積＝たて×横×高さ」で容積を求めます。

☐ × ☐ × ☐ = ☐ （㎤） = ☐ （L）

答え ☐ ㎤、 ☐ L

（2）4.8L ＝ 4800㎤   ※（2）の解説は右ページの お子さんに教えたいアドバイス！ を参照

4800÷（20×40）＝4800÷800＝ ☐ （㎝）

答え ☐ ㎝

## 水の深さを求める問題はこう解こう！

左ページの **2**【例】（2）のように、水の深さを求める問題がときどき出題されます。（2）では、「1L＝1000㎤」をもとに、まず4.8Lを4800㎤に直します。4800㎤の水を入れた部分は下のように直方体になります。

水色の部分の体積が4800㎤なので、「20 × 40 ×水の深さ＝4800」という式が成り立ちます。だから、水の深さは 4800 ÷（20 × 40）＝ 4800 ÷ 800 ＝ 6㎝と求められるのです。

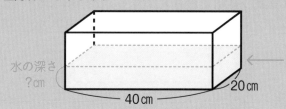

水の深さ ?cm 40cm 20cm

← 水を入れた部分（水色の部分）は直方体の形になる

---

## 解いてみよう！

答えは別冊13ページ

次の入れ物について問いに答えましょう。

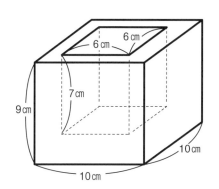

6cm 6cm 7cm 9cm 10cm 10cm

（1）この入れ物の容積は何㎤ですか。

答え _____

（2）この入れ物の体積は何㎤ですか。

答え _____

---

 チャレンジしてみよう！

答えは別冊13ページ

解いてみよう！の入れ物に108㎤の水を入れると、水の深さは何cmになりますか。

答え _____

ためしてみよう！のこたえ **1** 1000㎤ **2**（1）20×40×15＝12000㎤＝12L 答え 12000㎤、12L （2）6㎝、答え 6㎝

# 3 角柱の体積

底面、底面積、側面、高さという言葉の意味をおさえよう！

## ためしてみよう！

□にあてはまる数や言葉を入れましょう。

### 1 角柱とは

右のような立体を**角柱**といいます。

① [＿＿＿] …上下に向かい合った2つの面

② [＿＿＿] …1つの底面の面積

③ [＿＿＿] …まわりの長方形（または正方形）

④ [＿＿＿] …2つの底面にはさまれた長さ

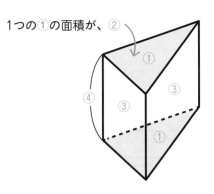

1つの①の面積が、②

### 2 角柱の体積＝底面積×高さ

【例】 次の角柱の体積をそれぞれ求めましょう。

①
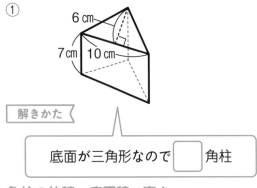
6 cm 7 cm 10 cm

**解きかた**

底面が三角形なので □ 角柱

角柱の体積＝底面積×高さ

= [＿] × [＿] ÷ [＿] × [＿]
　底面積（三角形の面積）　高さ

=  (cm³)

②
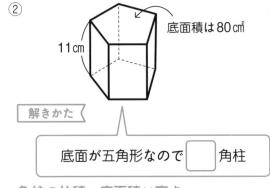
11cm 底面積は80cm²

**解きかた**

底面が五角形なので □ 角柱

角柱の体積＝底面積×高さ

= [＿] × [＿]
　底面積　高さ
（五角形の面積）

=  (cm³)

## 先のとがった立体を何という？

下のように先のとがった立体を角すいといいます。

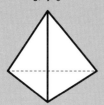
三角すい

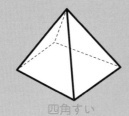
四角すい

角すいの体積は「底面積×高さ×$\frac{1}{3}$」で求められますが、これは小学校の教科書には載っていません。くわしくは中学１年生で習います（ただし、中学入試の算数では出題されます）。
予備知識としておさえておくとよいでしょう。

## 🐣 解いてみよう！

答えは別冊13ページ

（1）の三角柱と（2）の四角柱の体積をそれぞれ求めましょう。

（1）

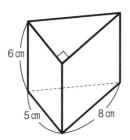

6cm 5cm 8cm

（2）

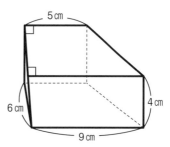

5cm 6cm 4cm 9cm

答え _____

答え _____

## 🐔 チャレンジしてみよう！

答えは別冊13ページ

次の四角柱の体積を求めましょう。

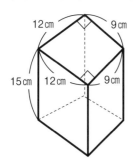

12cm 9cm
15cm 12cm 9cm

答え _____

# 4 円柱の体積

**3.14のかけ算は最後にしよう！**

## ためしてみよう！

□にあてはまる数や言葉を入れましょう。

### 1 円柱とは

右のような立体を**円柱**といいます。

① [　　　] …上下に向かい合った2つの面

② [　　　] …1つの底面の面積

③ [　　　] …まわりの曲面

④ [　　　] …2つの底面にはさまれた長さ

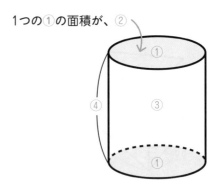

1つの①の面積が、②

### 2 円柱の体積＝底面積×高さ

**[例]** 次の円柱の体積を求めましょう。ただし、円周率は3.14とします。

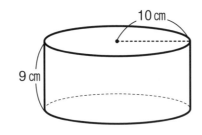

10 cm

9 cm

解きかた

円柱の体積＝底面積×高さ

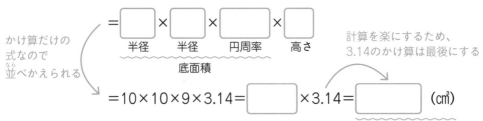

かけ算だけの
式なので
並べかえられる

= [　] × [　] × [　] × [　]
　　半径　　半径　　円周率　　高さ
　　　　　　底面積

計算を楽にするため、
3.14のかけ算は最後にする

=10×10×9×3.14= [　　　] ×3.14= [　　　] (cm³)

### 立体の展開図を考えよう！

下の 🐤 チャレンジしてみよう！には、展開図に関する問題が出てきます。展開図とは、立体の表面をはさみなどで切り開いて平面に広げた図のことです。立体図形の単元では、立体の体積を求められるようになることも大切ですが、加えて「それぞれの立体の展開図がどうなるか」を理解することも大事です。円柱の展開図をお子さんと一緒に実際につくってみるのも、理解が深まるので、おすすめです。

## 🐣 解いてみよう！

答えは別冊13ページ

次の円柱の体積を求めましょう。ただし、円周率は3.14とします。

（1）

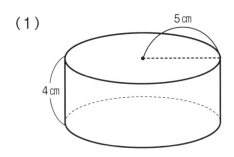

答え _____

（2）

円柱を4等分に切った形

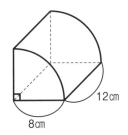

答え _____

## 🐔 チャレンジしてみよう！

答えは別冊13ページ

次の展開図（立体の表面を、はさみなどで切り開いて平面に広げた図）を組み立てた立体の体積を求めましょう。ただし、円周率は3.14とします。

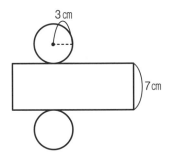

答え _____

# 立体図形
# まとめテスト

答えは別冊14ページ

※何度も復習したい方は、直接書き込まずノートを使うとよいでしょう。

**1** 次の立体の体積をそれぞれ求めましょう。

**（1）**
［10点］

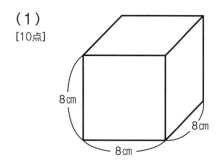

答え _____

**（2）**
［10点］

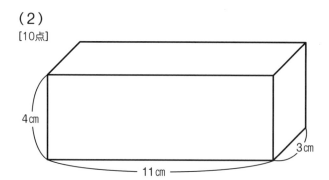

答え _____

**（3）**
［16点］

大きな直方体から小さな直方体を
切り取った形

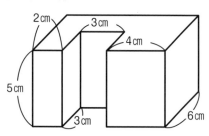

答え _____

**2** 次の入れ物について、問いに答えましょう。

[各16点、計32点]

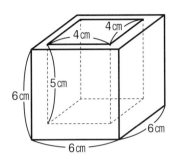

（1）この入れ物の容積は何cm³ですか。

答え _____

（2）この入れ物の体積は何cm³ですか。

答え _____

**3** 次の立体の体積をそれぞれ求めましょう。

[各16点、計32点]

（1）

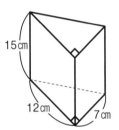

答え _____

（2）直方体から、半径3cm、高さ5cmの円柱をくりぬいた形

（円周率は3.14とします）

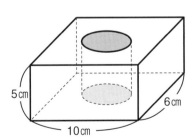

答え _____

# 1 平均とは

> ここが大切！ **平均の3つの公式**をおさえよう！

## ためしてみよう！

□にあてはまる数や言葉を入れましょう。

### 1 平均とは

**平均とは、いくつかの数や量を、等しい大きさになるようにならしたものです。**
平均、個数、合計の関係は、次の面積図（数量の関係を表した長方形の図）で表せます。

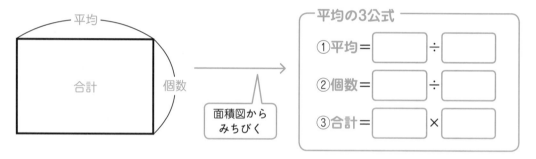

平均の3公式
- ①平均 = □ ÷ □
- ②個数 = □ ÷ □
- ③合計 = □ × □

面積図からみちびく

### 2 平均の問題

**【例】** 次のきゅうりの重さの平均を求めましょう。

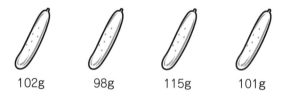

102g　　98g　　115g　　101g

> 解きかた

「平均＝合計÷個数」なので、まず合計を求めます。

きゅうり4本の重さの合計は、102＋98＋115＋101＝ □ （g）

合計を個数の4（本）で割れば、平均が求められるので

□ ÷ □ ＝ □ （g）

答え □ g

## 個数と合計を求めよう！

左ページの【例】は、平均を求める問題でしたが、平均の3公式を使えば、個数や合計も求められます。

まず、個数を求める問題を解いてみましょう。

**【例1】** きゅうりが何本かあり、重さの合計は416gで、1本あたりの平均の重さは104gです。このとき、きゅうりは何本ありますか。

【例1】は、「個数＝合計÷平均」の公式より、416÷104＝4本と求められます。

次に、合計を求める問題を解いてみましょう。

**【例2】** 1本あたりの平均の重さが104gのきゅうりが4本あります。このとき、きゅうり4本の重さの合計は何gですか。

【例2】は、「合計＝平均×個数」の公式により、104×4＝416g と求められます。

## 🐣 解いてみよう！

答えは別冊13ページ

次の日数の平均を求めましょう。

21日、 18日、 25日、 19日、 16日

答え _____

## 🐔 チャレンジしてみよう！

答えは別冊13ページ

Aさんの1歩の歩はばの平均は68cmです。
このとき、次の問いに答えましょう。

（1）Aさんが15歩歩くと、何m何cm進みますか。

答え _____

（2）Aさんが何歩か歩いたところ、21m76cm進みました。Aさんは何歩歩きましたか。

答え _____

ためしてみよう！のこたえ **1** ①平均＝合計÷個数　②個数＝合計÷平均　③合計＝平均×個数
**2** 416（g）、416÷4＝104（g）　答え　104g

# 2 単位量あたりの大きさ

ここが大切！ 「どちらをどちらで割るか」を考えて解こう！

## ためしてみよう！

□にあてはまる数やアルファベットを入れましょう。

### 1 単位量あたりの大きさとは

「1g あたり15円」「1L あたり12㎞」などのように、**1つあたりの大きさで表した量**を、単位量あたりの大きさといいます。

### 2 こみぐあいを比べる問題

【例】 右の表は、2つのにわとり小屋 A、B の面積と、にわとりの数を表したものです。このとき、A と B のにわとり小屋はどちらがこんでいますか。

| | 面積 (㎡) | にわとりの数 (羽) |
|---|---|---|
| A | 5 | 4 |
| B | 8 | 5 |

解きかた1 1㎡あたりのにわとりの数で比べる

A の1㎡あたりのにわとりの数 = ☐ ÷ ☐ = ☐ (羽)
　　　　　　　　　　　　　　　にわとりの数　面積

B の1㎡あたりのにわとりの数 = ☐ ÷ ☐ = ☐ (羽)
　　　　　　　　　　　　　　　にわとりの数　面積

1㎡あたりのにわとりの数は ☐ のほうが多いので、☐ のほうがこんでいる。

答え ☐

解きかた2 にわとり1羽あたりの面積で比べる

A の1羽あたりの面積 = ☐ ÷ ☐ = ☐ (㎡)
　　　　　　　　　　　面積　にわとりの数

B の1羽あたりの面積 = ☐ ÷ ☐ = ☐ (㎡)
　　　　　　　　　　　面積　にわとりの数

1羽あたりの面積は ☐ のほうがせまいので、☐ のほうがこんでいる。

答え ☐

## 人口密度の求めかたとは？

人口密度とは、1㎢あたりの人口のことです。人口を面積（㎢）で割れば、人口密度が求められます。

人口密度 ＝ 人口 ÷ 面積
　　　　　　（人）　　（㎢）

例えば、ある町の人口が5200人で、面積が40㎢だとしましょう。このとき、この町の人口密度は、5200 ÷ 40 ＝ 130人と求められます。

 解いてみよう！

右の表は、A町とB町の面積と人口を表しています。このとき、次の問いに答えましょう。

|  | 面積（㎢） | 人口（人） |
|---|---|---|
| A町 | 43 | 6493 |
| B町 | 45 | 6885 |

（1）A町とB町の人口密度をそれぞれ求めましょう。

答え　　A町…　　　　　　　B町…

（2）（1）の結果をもとにすると、A町とB町はどちらがこんでいますか。

答え

チャレンジしてみよう！

答えは別冊14ページ

解いてみよう！の続き

（3）A町とB町の1人あたりの面積（㎢）を、それぞれ小数第五位まで求めましょう（小数第六位以下は切り捨てる）。電卓を使ってもかまいません。

答え　　A町…　　　　　　　B町…

（4）（3）の結果をもとにすると、A町とB町はどちらがこんでいますか。

答え

ためしてみよう！のこたえ　　② 解きかた1 A　4÷5＝0.8（羽）、B　5÷8＝0.625（羽）、A、A　答え　A
　　　　　　　　　　　　　　　 解きかた2 A　5÷4＝1.25（㎡）、B　8÷5＝1.6（㎡）、A、A　答え　A

# 3 さまざまな単位

ここが
大切！ **コツさえつかめば、さまざまな単位の関係は覚えられる！**

## ためしてみよう！

□にあてはまる数を入れましょう。

### 1 k(キロ)とm(ミリ)の意味

k（キロ）は1000倍を表し、m（ミリ）は $\frac{1}{1000}$ 倍を表します。

これをもとに、次の単位の関係をすべておさえることができます。

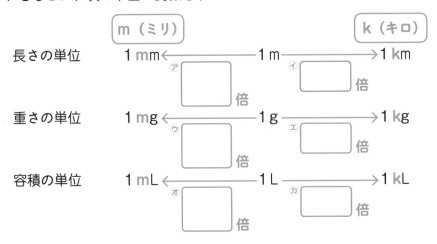

|  | m（ミリ） |  |  | k（キロ） |
|---|---|---|---|---|

長さの単位　1 mm ←　　1 m　　→ 1 km
ア　□倍　　イ　□倍

重さの単位　1 mg ←　　1 g　　→ 1 kg
ウ　□倍　　エ　□倍

容積の単位　1 mL ←　　1 L　　→ 1 kL
オ　□倍　　カ　□倍

### 2 ㎠と㎡の関係

① 1㎡とは1辺が1 m（＝100cm）の正方形の面積です。

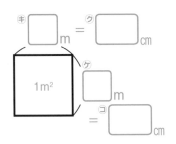

キ □ m ＝ ク □ cm

1m²

ケ □ m
コ ＝ □ cm

② だから1㎡＝ サ □ cm × シ □ cm

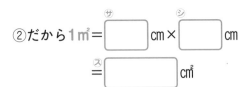

＝ ス □ ㎠

※同じ考えかたで1㎢が何㎡かも求められます。
　1㎢は、1辺が1 km（＝1000m）の正方形の面積です。
　だから、 1㎢＝1000m ×1000m
　　　　　　　＝1000000㎡

## さまざまな単位の関係を覚えるコツ

小学校で習う算数では、①長さ、②重さ、③面積、④体積、容積の単位をそれぞれ覚える必要があります。このうち、①長さ、②重さの単位は左ページの「kとmの意味」を知るとほとんどをスムーズにおさえられます。

**①長さの単位**

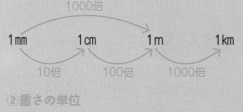

1mm　1cm　1m　1km
1000倍
10倍　100倍　1000倍

**②重さの単位**

1mg　1g　1kg　1t（トン）
1000倍　1000倍　1000倍

次に、③面積の単位です。
面積の単位は、1cm²から1m²へは10000倍ですが、1m²、1a、1ha、1km²はそれぞれ100倍ずつ大きくなっていることをおさえましょう。

**③面積の単位**

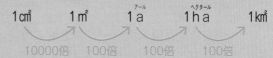

1cm²　1m²　1a（アール）　1ha（ヘクタール）　1km²
10000倍　100倍　100倍　100倍

最後に、④体積、容積の単位です。
まず、1cm³と1mL、1m³と1kLはそれぞれ同じ量であることをおさえましょう。あとは、「1L ＝ 10dL」と左ページの「kとmの意味」を知ると、単位の関係がおさえられます。

**④体積、容積の単位**

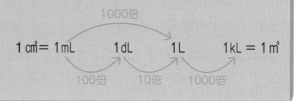

1cm³＝ 1mL　1dL　1L　1kL ＝ 1m³
1000倍
100倍　10倍　1000倍

---

## 🐣 解いてみよう！

答えは別冊14ページ

次の□にあてはまる数を答えましょう。

（1）1t ＝ □ kg 　　　　　（2）1L ＝ □ cm³

（3）1m ＝ □ mm 　　　　　（4）1ha ＝ □ a

## 🐔 チャレンジしてみよう！

答えは別冊14ページ

次のあ～うにあてはまる数を答えましょう。

1km²＝ あ ha ＝ い a ＝ う m²

答え　あ…　　　　　い…　　　　　う…

↩ ためしてみよう！のこたえ
■ ⑦ $\frac{1}{1000}$　⑦1000　⑦ $\frac{1}{1000}$　⑤1000　⑦ $\frac{1}{1000}$　⑦1000
■ ①⊕1　⑦100　⑦1　⑤100　②⊕100　⑦100　⑦10000

# 4 単位の換算 (かんさん)

**ここが大切！** 単位の換算(かんさん)は2ステップで解こう！

## ためしてみよう！

□にあてはまる数を入れましょう（同じ記号には同じ数が入ります）。

### 1 単位の換算とは

例えば、「2kmは何mか」を考えてみましょう。

kmとmの基本の関係は「1km＝[ア]□ m」なので、2kmは2000mです。このように、**ある単位を別の単位にかえることを単位の換算（あるいは単位換算）**といいます。

### 2 単位換算の問題

**【例1】** 5.84kmは何mですか。

解きかた　単位換算の問題は次の2ステップで解けることが多いです。

**ステップ1** 基本の関係から何をかければ（何で割れば）いいかみちびく

kmとmの基本の関係は「1km＝[イ]□ m」です。だからkmをmに直すには[イ]□をかければよいことがわかります。

1000をかける
1km＝[イ]□ m
5.84km＝[ウ]□ m
1000をかける

**ステップ2** 計算して答えを求める

5.84×1000＝[ウ]□　なので、5.84km＝[ウ]□ m

**【例2】** 25mLは何Lですか。

解きかた

**ステップ1** 基本の関係から何をかければ（何で割れば）いいかみちびく

mLとLの基本の関係は「1000mL＝[エ]□ L」です。だから、mLをLに直すには**1000で割れば**よいことがわかります。

1000で割る
1000mL＝[エ]□ L
25mL＝[オ]□ L
1000で割る

**ステップ2** 計算して答えを求める

25÷1000＝[オ]□　なので、25mL＝[オ]□ L

単位換算の問題は
2ステップで解こう！

左ページで解説した通り、ほとんどの単位換算は次の2ステップで解くことができます。

**ステップ1** 基本の関係から何をかければ（何で割れば）いいかみちびく

**ステップ2** 計算して答えを求める

例えば「25mL ＝□L」という問題を解くとき、単位換算が苦手な子は、いきなり計算して答えを求めようとすることがあります。
いきなり答えを求めようとするのではなく、**ステップ1** の「基本の関係」からみちびいて計算すれば、単位換算の問題がスムーズに解けるようになってきます。

## 解いてみよう！

答えは別冊15ページ

次の□にあてはまる数を答えましょう。

（1）0.2t ＝□ kg　　　　（2）71㎡＝□ a　　　　（3）0.703dL ＝□㎤

（1）

答え _____

（2）

答え _____

（3）

答え _____

## チャレンジしてみよう！

答えは別冊15ページ

次の□にあてはまる数を答えましょう。

3時間46分＋2時間34分＝□時間

答え _____

PART
7

単位量あたりの大きさ

# 単位量あたりの大きさ
# まとめテスト

答えは別冊15ページ

※何度も復習したい方は、直接書き込まずノートを使うとよいでしょう。

## 1 次の問いに答えましょう。

[各10点、計30点]

（1）次の点数の平均を求めましょう。
68点、84点、90点、72点

答え ＿＿＿＿＿＿＿＿＿＿

（2）1こあたりの平均の重さが83g のみかんがいくつかあり、みかんの重さの合計は、4kg814g でした。このとき、みかんの個数は何こですか。

答え ＿＿＿＿＿＿＿＿＿＿

（3）39人のクラスで社会のテストがあり、平均点は74点でした。このとき、このクラス全員のテストの合計点は何点ですか。

答え ＿＿＿＿＿＿＿＿＿＿

## 2 ある町の面積は53㎢で、人口は7155人です。この町の人口密度を求めましょう。

[12点]

答え ＿＿＿＿＿＿＿＿＿＿

**3** 次の□にあてはまる数を答えましょう。

[各6点、計24点]

（1）1㎡＝ [　　　　] ㎠　　　　（2）1g＝ [　　　　] mg

（3）1km＝ [　　　　] cm　　　　（4）1kL＝ [　　　　] dL

**4** 次の問いに答えましょう。

[各6点、計24点]

（1）152㎡は何 a ですか。

答え _____

（2）3.07m は何㎜ですか。

答え _____

（3）0.05L は何㎤ですか。

答え _____

（4）33分は何時間ですか。

答え _____

**5** 3つの土地 A、B、C があり、それぞれの土地の面積は次の通りです。
土地 A…49.5a　土地 B…7870㎡　土地 C…0.008㎢
この3つの土地の平均の面積は何 a ですか。

[10点]

答え _____

# 1 速さの表しかた

時速…1時間
分速…1分間　　に進む道のりで表した速さであることをおさえよう！
秒速…1秒間

## ためしてみよう！

□にあてはまる数を入れましょう。

### 1 速さの例

例えば、時速35kmとは1時間に□km進む速さを表し、分速72m とは1分間に□m
進む速さを表します。

### 2 速さの単位換算

【例】　時速36kmは分速何 m ですか。①〜⑤の順に解いていきましょう。

解きかた

①時速36kmは「1時間に□km進む速さ」です。

②1時間=□分、36km=□mなので、時速36kmは「□分で□m
進む速さ」と言いかえられます。

③一方、分速は「□分間にどれだけ進むか」ということです。

④60分で36000m 進むのですから、1分では□÷□=□m進むこと
がわかります。

⑤だから、時速36kmは分速□m です。

答え　　　分速□m

## 速さの単位換算が苦手な子が多い理由

速さの単位換算を苦手にしている子は多いです。その理由がわかりますか？
その理由は「速さには、2つの単位がふくまれているから」です。
例えば、左ページ ② 【例】①の「時速36km」にも2つの単位がふくまれています。

上のように、時間と長さ（距離）を一緒に表したものが「速さ」なのです。だから時速36kmを分速〜m に直す場合、
①時間を分に直す
②kmを m に直す
という2つの作業が必要になります。順をおって、慎重に単位を換算しましょう。

## 🐣 解いてみよう！

答えは別冊15ページ

次の問いに答えましょう。

（1）分速1800m は時速何kmですか。

答え _____

（2）分速30m は秒速何 m ですか。

答え _____

## 🐓 チャレンジしてみよう！

答えは別冊15ページ

次の◻︎にあてはまる数を答えましょう。

「秒速20m は時速何kmですか」という問題を解いてみましょう。

1時間 = ◻︎ 分、1分 = ◻︎ 秒だから、

1時間 = （◻︎ × ◻︎）秒 = ◻︎ 秒です。秒速20m とは、

「1秒間に20m 進む速さ」なので、1時間（= ◻︎ 秒）では

20 × ◻︎ = ◻︎ m = ◻︎ km進みます。　　　答え　時速 ◻︎ km

# 2 速さの３公式の覚えかた

ここが
大切！

速さの３公式をおさえよう！
- ①速さ＝道のり÷時間
- ②道のり＝速さ×時間
- ③時間＝道のり÷速さ

## ためしてみよう！

□にあてはまる数を入れましょう。

### 1 速さの３公式の覚えかた

速さの３公式は、次の「み・は・じ」の図で覚えることができます。
「み・は・じ」を合い言葉のように覚えましょう。

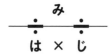

「み」が「道のり」、「は」が「速さ」、「じ」が「時間」を表します。
求めたいものを指でかくすことによって、公式が浮かび上がって
きます。

### 2 速さの３公式の問題

【例】　Ａさんが、3375mの道のりを45分で歩きます。

①Ａさんの歩く速さは分速何ｍですか。

②Ａさんが32分歩くと、何ｍ進みますか。

③Ａさんが1275ｍ歩くのに、何分かかりますか。

解きかた

① 「は」を指でかくす

速さ ＝ み ちのり ÷ じ かん

＝ ☐ ÷ ☐ ＝ ☐

答え　分速 ☐ ｍ

② 「み」を指でかくす

道のり ＝ は やさ × じ かん

＝ ☐ × ☐ ＝ ☐

答え　☐ ｍ

③ 「じ」を指でかくす

時間 ＝ み ちのり ÷ は やさ

＝ ☐ ÷ ☐ ＝ ☐

答え　☐ 分

## 速さの3公式が成り立つ理由をおさえよう！

速さの3公式がそれぞれなぜ成り立つかをおさえておきましょう。左ページの **2** 【例】をもとに解説します。

まず①は「速さ」を求める問題です。3375mを45分で歩くのですから、3375mを45等分すれば、速さ（分速～m）が求められます。分速とは、「1分間に進む道のりで表した速さ」だからです。つまり、「速さ＝道のり÷時間」が成り立ちます。

次に、②は「道のり」を求める問題です。Aさんの速さは、分速75m（1分間に75m進む）です。だから、32分で進む道のりを求めるには、75mを32倍すればよいです。つまり、「道のり＝速さ×時間」が成り立ちます。

③は、「時間」を求める問題です。Aさんは、1275mの道のりを1分間に75mずつ進みます。だから、1275m歩くのにかかる時間は、1275mを75mで割れば求められます。つまり、「時間＝道のり÷速さ」が成り立ちます。

## 🐣 解いてみよう！

答えは別冊16ページ

ある自動車が、215kmの道のりを5時間で走ります。

（1）この自動車の速さは時速何kmですか。

答え ＿＿＿＿＿＿＿＿＿＿

（2）この自動車が7時間走ると、何km進みますか。

答え ＿＿＿＿＿＿＿＿＿＿

（3）この自動車が172km走るのに、何時間かかりますか。

答え ＿＿＿＿＿＿＿＿＿＿

## 🐔 チャレンジしてみよう！

答えは別冊16ページ

時速30kmで進むバスが72km進むのに、何時間何分かかりますか。

答え ＿＿＿＿＿＿＿＿＿＿

・2人（2つ）以上の人や乗り物が移動するときに、出会ったり、追いかけたりする問題「旅人算」について学びたい方は、特典PDFをダウンロードしてください（5ページ参照）。

○ためしてみよう！のこたえ **2** ①3375÷45＝75 答え 分速75m
②75×32＝2400 答え 2400m ③1275÷75＝17 答え 17分

# 速さ
# まとめテスト

答えは別冊16ページ

合格点70点以上

| 1回目 | | 月 | 日 | 点 |
| 2回目 | | 月 | 日 | 点 |
| 3回目 | | 月 | 日 | 点 |

※何度も復習したい方は、直接書き込まずノートを使うとよいでしょう。

## 1 次の問いに答えましょう。

〔（1）各6点、（2）各6点、計24点〕

（1）秒速15m は分速何 m ですか。また、時速何kmですか。

答え _____

（2）時速90kmは分速何 m ですか。また、秒速何 m ですか。

答え _____

## 2 A さんは 3 ㎞の道のりを50分で歩きます。

〔各10点、計30点〕

（1）A さんの歩く速さは分速何 m ですか。

答え _____

（2）A さんが1時間30分歩くと、何km進みますか。

答え _____

（3）A さんが10.2km歩くのに、何時間何分かかりますか。

答え _____

**3** あるバスは2時間45分で88km進みます。このバスは、12分で何km進みますか。

[14点]

答え _____

**4** 時速40kmの自動車が27分で進む道のりを、分速90mで歩くと何時間何分かかりますか。

[16点]

答え _____

**5** Aさんの家から公園までの道のりは2kmで、公園から駅までの道のりは3.5kmです。Aさんは午前9時に家を出発し、公園まで分速80mで歩きました。公園で何分間か遊んだ後、駅まで分速70mで歩いたところ、午前11時に駅に着きました。Aさんが公園で遊んでいたのは何分間ですか。

[16点]

答え _____

# 1 割合とは　その1

ここが大切！　**もとにする量、比べられる量、割合**は、3ステップで見分けよう！

## ためしてみよう！

□にあてはまる数を入れましょう。

### 1 割合とは

【例】　5をもとにして、15を比べると、15は5の何倍ですか。

解きかた

$$\boxed{\phantom{0}} \div \boxed{\phantom{0}} = \boxed{\phantom{0}}（倍）$$

比べられる量　÷　もとにする量　=　割合

答え　□倍

**比べられる量が、もとにする量のどれだけ（何倍）にあたるかを表した数**を、**割合**といいます。

### 2 割合、比べられる量、もとにする量の見分けかた

「15は5の3倍です」と「5の3倍は15です」という文は、ほぼ同じ意味です。
これらの文で、割合、もとにする量、比べられる量を、次の3ステップで見分けましょう。

> ステップ1　「の」の前の5がもとにする量です。
> ステップ2　「～倍」である3（倍）が、割合です。
> ステップ3　残った15が比べられる量です。

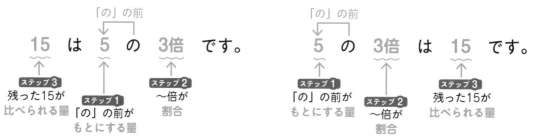

※ただし、「○は□の～倍です」や「□の～倍は○です」以外の文では、あてはまらないこともあるので注意しましょう。

## 「もとにする量」とは何か？

割合の単元でつまずいてしまう子がけっこういます。「もとにする量」「比べられる量」といった、ふだん聞きなれない言葉が出てくるのも、つまずきやすい理由の1つでしょう。

では、「もとにする量」とは何でしょうか。「もとにする量」とは、かんたんに言うと、「1倍にする」量という意味です。

左ページに「15は5の3倍です」という表現がありました。これを言いかえると「5を1倍とするとき、15は3倍にあたります」となります。

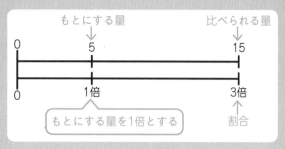

15は「5に比べられる」ので、「比べられる量」といいます。

> **まとめ**
> 15は5の3倍です
> ↓ 言いかえると…
> 5をもとにする（1倍にする）と、比べられる量の15は、3倍の割合にあたる

## 🐣 解いてみよう！

答えは別冊16ページ

次のそれぞれの□に、もとにする量、割合、比べられる量のいずれかを入れましょう。

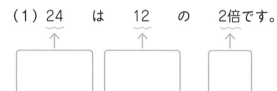

（1）24 は 12 の 2倍です。

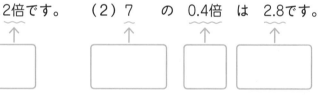

（2）7 の 0.4倍 は 2.8です。

## 🐔 チャレンジしてみよう！

答えは別冊16ページ

🐣 解いてみよう！の（1）（2）を線分図に表しました。□にあてはまる数を答えましょう。

（1）

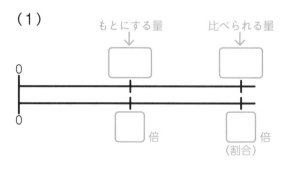

（2）

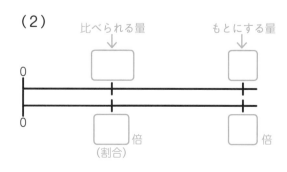

🐣ためしてみよう！のこたえ　■ 15÷5＝3倍　答え　3倍　**109**

# 2 割合とは　その2

ここが大切！

割合の3公式をおさえよう！
- ①割合＝比べられる量÷もとにする量
- ②比べられる量＝もとにする量×割合
- ③もとにする量＝比べられる量÷割合

## ためしてみよう！

□にあてはまる数を入れましょう。

### 1 割合の3公式の覚えかた

割合の3公式は、次の「く・も・わ」の図で覚えることができます。
「く・も・わ」を合言葉のように覚えましょう。

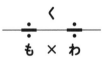

「く」が「比べられる量」、「も」が「もとにする量」、「わ」が「割合」を表します。求めたいものを指でかくすことによって公式が浮かび上がってきます。104ページの「み・は・じ」の図と同じ要領（ようりょう）です。

### 2 割合の3公式の問題

【例】　次の☆にあてはまる数を答えましょう。

①30g は40g の☆倍です。

②15L の0.6倍は☆L です。

③☆円の0.12倍は360円です。

解きかた

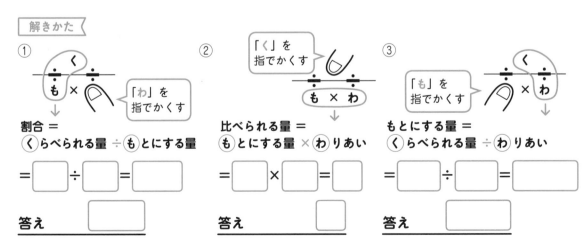

①
「わ」を指でかくす

割合 ＝
くらべられる量 ÷ もとにする量

＝ □ ÷ □ ＝ □

答え □

②
「く」を指でかくす

比べられる量 ＝
もとにする量 × わりあい

＝ □ × □ ＝ □

答え □

③
「も」を指でかくす

もとにする量 ＝
くらべられる量 ÷ わりあい

＝ □ ÷ □ ＝ □

答え □

## 面積図から割合の3公式をみちびこう！

左ページでは、「く・も・わ」の図で割合の3公式を覚える方法を紹介しました。

一方、次の面積図から、割合の3公式をみちびくこともできます。

例えば、左ページの **2** 【例】①の問題は、割合を求める問題です。そして、もとにする量が 40（g）で、比べられる量が 30（g）なので、これを面積図に書き入れると次のようになります。

「たての長さ＝長方形の面積÷横の長さ」なので、「割合＝比べられる量÷もとにする量＝ 30 ÷ 40 ＝ 0.75（倍）」と求められます。

## 🐣 解いてみよう！

答えは別冊17ページ

次の□にあてはまる数を答えましょう。

（1） 18L は □L の 0.9倍 です。

答え＿＿＿＿＿＿＿＿＿＿

（2） □cm は 75cm の 0.48倍 です。

答え＿＿＿＿＿＿＿＿＿＿

（3） 6.8kg の □倍 は 8.5kg です。

答え＿＿＿＿＿＿＿＿＿＿

## 🐓 チャレンジしてみよう！

答えは別冊17ページ

次の□にあてはまる数を答えましょう。

□km² の 0.07倍 は 98a です。

答え＿＿＿＿＿＿＿＿＿＿

# 3 百分率（ひゃくぶんりつ）とは

> ここが大切！
> 割合の3公式を使うとき、百分率（ひゃくぶんりつ）を小数の割合に直そう！

## ためしてみよう！

□にあてはまる数を入れましょう。

### 1 百分率とは

- 百分率とは、**割合の表しかたの1つ**です。
- 前の2項目（108 〜 111ページ）で習った、0.9倍や0.35倍などの「〜倍」の割合を小数の割合といいます。
- 小数の割合の0.01を1％（1パーセント）といいます。
- 百分率とは、**パーセントで表した割合**です。

### 2 小数の割合と百分率の変換（へんかん）

**【例】** 次の問いに答えましょう。

①小数の割合0.29を百分率に直しましょう。

小数の割合を100倍すると、百分率になるので

$$\boxed{\phantom{00}} \times \boxed{\phantom{00}} = \boxed{\phantom{00}}$$

答え $\boxed{\phantom{00}}$ ％

②84％を小数の割合に直しましょう。

百分率を100で割ると、小数の割合になるので

$$\boxed{\phantom{00}} \div \boxed{\phantom{00}} = \boxed{\phantom{00}}$$

答え $\boxed{\phantom{00}}$

### 3 百分率の問題

**【例】** 175g の64％は何 g ですか。

> 解きかた

割合の3公式を使うときは、百分率を小数の割合に直してから計算します。
小数の割合に直すと、

→175gの $\boxed{\phantom{00}}$ 倍は何gですか。

「比べられる量＝もとにする量×割合」なので、 $\boxed{\phantom{00}} \times \boxed{\phantom{00}} = \boxed{\phantom{00}}$ g

割合の3公式は
「小数の割合だけに」使える！

割合の3公式は、小数の割合だけに使える公式です。

左ページの ③【例】で、割合の3公式に百分率をそのまま入れて計算すると、

$175 × 64 = 11200$ と、間違った答えが出てきます。

正しくは、64％を0.64（倍）に直して、
$175 × 0.64 = 112$ （g）と計算しましょう。

## 🐣 解いてみよう！

答えは別冊17ページ

次の□にあてはまる数を答えましょう。

（1） □円　の　31%　は　279円　です。

答え _____

（2） 78L　は　120L　の　□%です。

答え _____

（3） □㎡　は　700㎡　の　83%　です。

答え _____

## 🐓 チャレンジしてみよう！

答えは別冊17ページ

1900円の15%引きのねだんはいくらですか。

答え _____

ためしてみよう！のこたえ　　② ①0.29×100＝29　答え　29%　②84÷100＝0.84　答え　0.84
③ 0.64、175×0.64＝112g

# 4 歩合とは

ここが大切！　**小数の割合と歩合の関係をおさえよう！**

## ためしてみよう！

□にあてはまる数を入れましょう。

### 1 歩合とは

歩合とは、**割合の表しかたの1つ**です。
歩合とは、割合を右のように表したものです。

| 小数の割合 | | 歩合 |
|---|---|---|
| 0.1（倍） | ⟶ | 1割 |
| 0.01（倍） | ⟶ | 1分 |
| 0.001（倍） | ⟶ | 1厘 |

**【例1】** 次の小数の割合を、歩合に直しましょう。

（1）0.248　　　　（2）1.503

解きかた

（1）0.248は、0.1が □ つ、0.01が □ つ、0.001が □ つなので

　　□ 割 □ 分 □ 厘

（2）1.503は0.1が □ こ、0.001が □ つなので □ 割 □ 厘

**【例2】** 次の歩合を小数に直しましょう。

（1）3割8分1厘　　　　（2）7分9厘

解きかた

（1）3割8分1厘は、0.1が □ つ、0.01が □ つ、0.001が □ つなので □

（2）7分9厘は、0.01が □ つ、0.001が □ つなので □

### 2 歩合の問題

**【例】** 4500円の6割2分4厘はいくらですか。

解きかた

割合の3公式を使うときは、**歩合を小数の割合に直してから計算**します。
小数の割合に直すと

→4500円の □ 倍はいくらですか。

「比べられる量＝もとにする量×割合」なので、□ × □ ＝ □ 円

## 「～割引き」「～割増し」という表現に気をつけよう！

次の3つの問題の答えはすべて違います。
① 200円の3割のねだんはいくらですか。
② 200円の3割引きのねだんはいくらですか。
③ 200円の3割増しのねだんはいくらですか。
まず①は、3割を小数の割合に直して0.3倍とします。だから、200×0.3＝60円が答えです。

次に、②の「3割引き」とは、「もとのねだんの200円を1倍とすると、そこから0.3倍分を引いたねだん」という意味です。
つまり、200円の（1－0.3＝）0.7倍のねだんとなり、200×0.7＝140円が答えです。
③の「3割増し」とは、200円の（1＋0.3＝）1.3倍のねだんのことなので、200×1.3＝260円が答えです。それぞれの違いをおさえましょう。

## 解いてみよう！

答えは別冊17ページ

次の□の中にあてはまる数を答えましょう。

（1） 640mg の 8割7分5厘 は □mg です。

答え _____

（2） 2800km の □割□分□厘 は 1106km です。

答え _____ 割 ___ 分 ___ 厘

（3） 3563kL は □kL の 5割9厘 です。

答え _____

## チャレンジしてみよう！

答えは別冊17ページ

300円で仕入れた商品に2割増しの定価をつけましたが、売れなかったので、定価の1割引きのねだんで売りました。売りね（実際に売ったねだん）はいくらですか。

答え _____

ためしてみよう！のこたえ 　■【例1】（1）2、4、8、2割4分8厘　（2）15、3、15割3厘　【例2】（1）3、8、1、0.381　（2）7、9、0.079　■ 0.624、4500×0.624＝2808円

# 5 割合のグラフ

## ためしてみよう！

□にあてはまる数を入れましょう。

### 1 帯グラフと円グラフ

【例1】 ある文ぼう具店で1日に売れたすべての文ぼう具の種類と個数（こすう）の割合は、

| 商品名 | えんぴつ | ペン | 消しゴム | ものさし | その他 | 合計 |
|---|---|---|---|---|---|---|
| 割合 | 30% | 24% | 20% | 15% | 11% | 100% |

右上の表のようになりました。この結果を目で見てわかるように、帯グラフと円グラフで表すと、下のようになります。

帯グラフ
（全体を長方形で表し、各部分の割合を、たての線で区切ったグラフ）

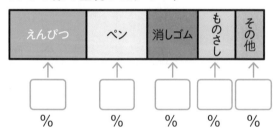

円グラフ
（全体を円で表し、各部分の割合を、半径で区切ったグラフ）

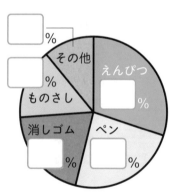

### 2 グラフの問題

【例2】 上の【例1】の帯グラフと円グラフについて、次の問いに答えましょう。

①売れたえんぴつの個数は、売れた消しゴムの個数の何倍ですか。

→ ⬚ %（比べられる量） ÷ ⬚ %（もとにする量） = ⬚ 倍（割合）

②この日、ものさしは45本売れました。この日、売れたすべての文ぼう具の個数はいくつですか。

比べられる量（ものさしの本数） ÷ （小数の）割合＝もとにする量（全体）

→ ⬚ 本 ÷ ⬚ = ⬚ こ

## 円グラフをかくとき、1％は何度にすればよい？

右のように、円を切り取った形を**おうぎ形**といい、おうぎ形の2つの半径がつくる角を**中心角**といいます。

おうぎ形
半径
中心角
半径

自分で円グラフをかくとき、各部分のおうぎ形の中心角をはかりながら、かいていく必要があります。円グラフでは全体（100％）が、ひとまわり（360度）で表されます。だから、1％は（360 ÷ 100 ＝）3.6度にあたることをおさえましょう。例えば、左ページの円グラフで「えんぴつ」の部分（おうぎ形）の中心角は、3.6 × 30 ＝ 108度と求められます。

## 🐣 解いてみよう！

答えは別冊17ページ

何枚かの折り紙があり、それぞれの色の枚数の割合は、次の帯グラフのようになりました。このとき、後の問いに答えましょう。

| 黄 40% | むらさき 21% | 青 | 赤 14% | 緑 10% |
|---|---|---|---|---|

💡ヒント

全体で100％です。

（1）青色の折り紙の枚数は全体の何％ですか。

答え _____

（2）むらさき色の折り紙の枚数は105枚です。折り紙は全部で何枚ありますか。

答え _____

（3）黄色の折り紙は何枚ありますか。

答え _____

PART
9
割合

## 🐓 チャレンジしてみよう！

答えは別冊17ページ

🐣 **解いてみよう！**の帯グラフを、円グラフに表すことにしました。このとき、赤色の折り紙の部分（おうぎ形）の中心角を何度にすればよいですか。

答え _____

😊 ためしてみよう！のこたえ　１（帯グラフ、円グラフともに）えんぴつ30、ペン24、消しゴム20、ものさし15、その他11　２①30％÷20％＝1.5倍　②45本÷0.15＝300こ

# 割合

（わりあい）

# まとめテスト

答えは別冊18ページ

※何度も復習したい方は、直接書き込まずノートを使うとよいでしょう。

**1** 次の□にあてはまる数を答えましょう。

［各7点、計56点］

（1） 18m の 0.15倍 は □m です。

答え _____

（2） 231円 は 300円 の □倍 です。

答え _____

（3） 805kg の □% は 161kg です。

答え _____

（4） □ha は 72ha の 62.5% です。

答え _____

（5） 75mm は □m の 0.3% です。

答え _____

（6） □㎡ の 4分1厘 は 369㎡ です。

答え _____

（7）　□g　は　700g　の　1割2分8厘　です。

答え　_____

（8）　1515㎤　は　3L　の　□割□厘　です。

答え　　　割　　　厘

**2** ある小学校の5年生全員の住所を調べたところ、次の円グラフのような
　　結果になりました。これについて、次の問いに答えましょう。
[各10点、計20点]

その他
10%
D町
12%
C町
18%
A町
36%
B町
24%

（1）D町に住んでいる人数は、A町に住んでいる
　　　人数の何分の1ですか。

答え　_____

（2）C町に住んでいる生徒は27人です。このとき、B町に住んでいる生徒は何人ですか。

答え　_____

**3** 1800円で仕入れた商品に3割増しの定価をつけましたが、売れなかっ
　　たので、定価の2割引きのねだんで売りました。このとき、次の問いに
　　答えましょう。
[各12点、計24点]

（1）売りね（実際に売ったねだん）はいくらですか。

答え　_____

（2）（1）の売りねで売ったときの利益はいくらですか。

答え　_____

# PART 10 比（ひ）

## 1 比とは

> ここが
> 大切！　**比（ひ）、比（ひ）の値（あたい）、等しい比のそれぞれの意味をおさえよう！**

### ためしてみよう！

□にあてはまる数や記号を入れましょう。

### 1 比とは

例えば、30cm と50cm という２つの数の割合について、**3：5**（読みかたは3対5（たい））のように比べやすく表すことができます。このように表された割合を比といいます。

### 2 比の値とは

【例】　1：6の比の値を求めましょう。

解きかた　A：Bのとき、「**A ÷ B の答え**」を比の値といいます。

だから、1：6の比の値は、□ ÷ □ = $\dfrac{□}{□}$

答え　$\dfrac{□}{□}$

### 3 等しい比

【例】　次の㋐～㋒の比の中で、5：7と等しい比を記号で答えましょう。
　　　㋐12：21　　　㋑25：35　　　㋒14：10

解きかた

比の値が等しいとき、それらの比は等しいといいます。

5：7の比の値は、□ ÷ □ = $\dfrac{□}{□}$ です。だから、㋐～㋒のうちで比の値が $\dfrac{□}{□}$ になったものが答えとなります。

㋐12：21の比の値は、$\dfrac{□}{□}$ = $\dfrac{□}{□}$ です。㋑25：35の比の値は、$\dfrac{□}{□}$ = $\dfrac{□}{□}$ です。
　　　　　　　　　　　　約分　　　　　　　　　　　　　　　　　　　約分

㋒14：10の比の値は、$\dfrac{□}{□}$ = $□\dfrac{□}{□}$ です。だから、答えは □
　　　　　　　　　　　約分　　帯分数にする

**比の値が等しければ、**
**「＝」でつなげる！**

「2:3 = 4:6」のように比が表されているとき、大人からみると、「2:3と4:6が等しいのだな」と当たり前のように感じるでしょう。

しかし、2:3と4:6を「＝」でつなぐことには、きちんとした意味があります。

2:3の比の値は $2 \div 3 = \dfrac{2}{3}$ です。4:6の比の値も $4 \div 6 = \dfrac{2}{3}$ です。このように、「比の値が等しい」とき、「比が等しい」といいます。そして「＝」を使って「2:3 = 4:6」と表せるのです。

左ページの ③【例】では「5:7 = 25:35」と表せます。

比を「＝」でつなぐことには、このような意味があることをおさえておきましょう。

## 解いてみよう！

答えは別冊18ページ

次の比の値を求めましょう。

（1）15 : 27

（2）6 : 1.2

（3）$\dfrac{5}{12} : \dfrac{7}{8}$

答え _____  答え _____  答え _____

## チャレンジしてみよう！

答えは別冊18ページ

次の⑦～⑨の中で等しい比は、どれとどれですか。記号で答えましょう。

⑦ $\dfrac{3}{10} : 0.5$  ⑦ 20 : 22  ⑨ 2 : 1.5  ⑨ $\dfrac{1}{3} : \dfrac{5}{9}$

答え _____

PART
**10**
比

# 2 比をかんたんにする

## ためしてみよう！

□にあてはまる数を入れましょう。

### 1 等しい比の性質

等しい比には、次の2つの性質があります。

① A：Bのとき、AとBに同じ数をかけ
ても、比は等しい。

② A：Bのとき、AとBを同じ数で割っ
ても、比は等しい。

【例】

$$3 : 4 = \boxed{\phantom{0}} : \boxed{\phantom{0}} \quad (\times 6)$$

【例】

$$35 : 15 = \boxed{\phantom{0}} : \boxed{\phantom{0}} \quad (\div 5)$$

### 2 比をかんたんにする

等しい比の性質（上の①と②）を使って、**できるだけ小さい整数の比に直すことを、**
「**比をかんたんにする**」といいます。

【例】　次の比をかんたんにしましょう
①30：36　　②4.5：1.8

解きかた

①30と36の最大公約数の $\boxed{\phantom{0}}$ で割りましょう。

$$30 : 36 = 30 \div \boxed{\phantom{0}} : 36 \div \boxed{\phantom{0}} = \boxed{\phantom{0}} : \boxed{\phantom{0}}$$

②まず、4.5と1.8を $\boxed{\phantom{0}}$ 倍して整数の比にしてから、最大公約数で割って、比をかんた
んにしましょう。

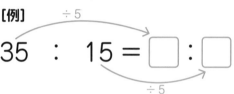

$$4.5 : 1.8 = 4.5 \times \boxed{\phantom{0}} : 1.8 \times \boxed{\phantom{0}} = \underset{\text{(整数の比)}}{\boxed{\phantom{0}} : \boxed{\phantom{0}}} = \boxed{\phantom{0}} : \boxed{\phantom{0}}$$

最大公約数で割る

## 分数どうしの比は
## どうやってかんたんにする？

次の問題をみてください。

【例】$\dfrac{14}{15} : \dfrac{7}{20}$ の比をかんたんにしましょう。

この【例】のような分数の比をかんたんにする問題では、まず、それぞれに分母の最小公倍数をかけて整数の比にしましょう。

15 と 20 の最小公倍数は 60 なので、60 をそれぞれにかけると、次のようになります。

$$\dfrac{14}{15} : \dfrac{7}{20} = \dfrac{14}{15} \times 60 : \dfrac{7}{20} \times 60 = 56 : 21$$

これで整数どうしの比になりました。そして、56 と 21 の最大公約数の 7 でそれぞれを割ると次のように答えが求められます。

$$56 : 21 = 56 \div 7 : 21 \div 7 = 8 : 3$$

一方、$\dfrac{14}{15}$ と $\dfrac{7}{20}$ の分子を先に 7 で割る、次のような別解もあります。

$$\dfrac{14}{15} : \dfrac{7}{20} = \dfrac{14}{15} \div 7 : \dfrac{7}{20} \div 7$$

$$= \dfrac{2}{15} : \dfrac{1}{20} = \dfrac{2}{15} \times 60 : \dfrac{1}{20} \times 60 = 8 : 3$$

---

## 解いてみよう！

答えは別冊18ページ

次の比をかんたんにしましょう。

（1） 40 : 32　　　　　（2） 4.9 : 7.7　　　　　（3） $\dfrac{5}{24} : \dfrac{15}{16}$

答え＿＿＿＿＿＿　　　答え＿＿＿＿＿＿　　　答え＿＿＿＿＿＿

---

##  チャレンジしてみよう！

答えは別冊18ページ

$12\dfrac{2}{3} : 5.7$ の比をかんたんにしましょう。

答え＿＿＿＿＿＿＿

# 3 比例式とは

ここが大切！ **比例式の内項の積と外項の積は等しいことをおさえよう！**

## ためしてみよう！

□にあてはまる数を入れましょう。

### 1 比例式とは

A：B＝C：Dのように、比が等しいことを表した式を
比例式といいます。
比例式の内側のBとCを内項といい、外側のAとDを
外項といいます。

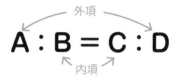

$$A：B＝C：D$$

外項 ／ 内項

### 2 比例式の問題

【例】 次の☆にあてはまる数を答えましょう。
7：10＝☆：3

解きかた1 〈 等しい比の性質（同じ数をかけても比は等しい）を使う

10を何倍すれば3になるか→ ☐ ÷ ☐ ＝ ☐ 倍

⑦ ☐ 倍

$$7：10 ＝ ☆：3$$

④ ☐ 倍

だから、☆＝7× ☐ ＝ ☐

答え _____ ☐

解きかた2 〈 比例式の「内項の積と外項の積は等しい」ことを使う

> A：B＝C：DのときB×C＝A×Dとなります。
> 内項の積と外項の積は等しい

※積……かけ算の
答えのこと

だから7：10＝☆：3では、10×☆＝ ☐ × ☐ ＝ ☐

だから、☆＝ ☐ ÷ ☐ ＝ ☐

答え _____ ☐

## 比例式の内項の積と外項の積は なぜ等しいのか？

左ページの「7：10＝☆：3」の☆を求める問題では、2つの解きかたのうち、どちらがかんたんだと感じましたか。

解きかた2 のほうが解きやすかった方もいると思いますが、 解きかた2 の比例式の「内項の積と外項の積は等しい」という性質は、実は中学1年生で習います（塾では小学生にも教えるところも多いです）。

しかし、この性質を知っておいたほうが解きやすくなることが多いため、本書にも載せました。

では、なぜ、比例式の「内項の積と外項の積は等しい」のでしょうか。それは、中学数学の知識を使うと、次のように説明できます。

$A：B＝C：D$ のとき、$A：B$ と $C：D$ の

比の値は等しいので、$\dfrac{A}{B}＝\dfrac{C}{D}$

ここでイコールの左右に $B×D$ をかけると

$$\dfrac{A}{B}×B×D＝\dfrac{C}{D}×B×D$$

$$A×D＝B×C$$

以上により、比例式の内項の積と外項の積は等しくなることがわかります。

## 解いてみよう！

答えは別冊19ページ

次の□にあてはまる数を、「比例式の内項の積と外項の積は等しい」性質を使って求めましょう。

（1）$9：13＝2：□$

答え _____

（2）$6.9：□＝4.6：5$

答え _____

## チャレンジしてみよう！

答えは別冊19ページ

次の□にあてはまる数を、「比例式の内項の積と外項の積は等しい」性質を使って求めましょう。

$$\dfrac{14}{15}：0.9＝\dfrac{2}{3}：□$$

答え _____

PART **10** 比

ためしてみよう！のこたえ　2 解きかた1 $3÷10＝0.3$倍　⑦$0.3$倍　⑦$0.3$倍　☆＝$7×0.3＝2.1$　答え　2.1
解きかた2 $10×☆＝7×3＝21$　☆＝$21÷10＝2.1$　答え　2.1

125

# 4 比の文章題

ここが大切！ **比の文章題**は、めもりつきの線分図をかいて考えよう！

## ためしてみよう！

□にあてはまる数を入れましょう。

**[例]** たてと横の長さの比が4：5の長方形があります。この長方形のたての長さが24cmのとき、横の長さは何cmですか。

（図：たて 24cm、横 ？cm の長方形）

解きかた1 **めもりつきの線分図をかく**

めもりつきの線分図をかくと、次のようになります。
①〜③の順に解きましょう。

（線分図：24cm たて（4めもり）、？cm 横（5めもり））

①たてに注目すると、□めもり分が□cmにあたります。

②だから、1めもり分は、□÷□＝□cmです。

③横の長さは□めもり分なので、□×□＝□cmです。

解きかた2 **等しい比の性質で解く**

横の長さを☆cmとすると、4：5 ＝ 24：☆
（たてと横の長さの比）（実際の長さの比）

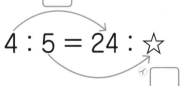

4：5＝24：☆

☆＝□×□＝□cm

## 比の文章題をさまざまな方法で解こう！

左ページの[例]は、124ページで紹介した「比例式の内項の積と外項の積は等しい」性質を使って解くこともできます。

横の長さを☆cmとすると、4：5 ＝ 24：☆
この比例式の内項の積は、5×24 ＝ 120 です。

外項の積も 120 になるので、
☆＝ 120 ÷ 4 ＝ 30（cm）と答えを求められます。
さまざまな解きかたをマスターして、応用力を身につけていきましょう。

## 解いてみよう！

答えは別冊19ページ

兄と弟の持っているお金の比は8：3です。2人の持っているお金が合わせて2750円のとき、弟の持っているお金はいくらですか。

答え _____

## チャレンジしてみよう！

答えは別冊19ページ

6L の水を、A、B、C のバケツに分けます。A、B、C のバケツの水の量が4：6：5になるよう分けるとき、バケツ B に入っている水の量は何 mL ですか。

答え _____

PART
**10**
比

# 比
# まとめテスト

答えは別冊19ページ

※何度も復習したい方は、直接書き込まずノートを使うとよいでしょう。

**1** 次の比の値を求めましょう。

[各8点、計24点]

（1）81 : 63

（2）2.6 : 3.9

（3）$\dfrac{9}{20} : \dfrac{18}{25}$

答え＿＿＿＿＿＿＿　　答え＿＿＿＿＿＿＿　　答え＿＿＿＿＿＿＿

**2** 次の比をかんたんにしましょう。

[各8点、計24点]

（1）55 : 33

（2）0.03 : 15

（3）$\dfrac{27}{40} : \dfrac{39}{50}$

答え＿＿＿＿＿＿＿　　答え＿＿＿＿＿＿＿　　答え＿＿＿＿＿＿＿

**3** 次の□にあてはまる数を「比例式の内項の積と外項の積は等しい」性質を使って求めましょう。

[12点]

14 : 15＝□ : 9

答え＿＿＿＿＿＿＿

**4** 姉と妹の持っている折り紙の枚数の比は4：7です。姉が72枚持っているとき、妹は折り紙を何枚持っていますか。

[12点]

答え＿＿＿＿＿＿＿＿＿

**5** A、B、C、3つの土地があり、3つの土地の面積は合わせて5a です。A、B、C の面積の比が5：6：9のとき、A の土地の面積は何㎡ですか。

[14点]

答え＿＿＿＿＿＿＿＿＿

**6** 次の直角三角形 ABC は辺 AB、辺 BC、辺 CA の長さの比が3：4：5で、3つの辺の長さを合わせると36㎝になります。このとき、この直角三角形 ABC の面積は何㎠ですか。

[14点]

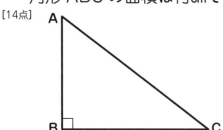

答え＿＿＿＿＿＿＿＿＿

# 1 比例とは

「$y$ は $x$ に比例する」とは、どういう意味かおさえよう！

## ためしてみよう！

□にあてはまる数を入れましょう。

### 1 比例とは

【例】　たてが2cmで、横が $x$ cmの長方形の面積を $y$ cm²とします。
　　　このとき、$x$ と $y$ の関係を表に表しましょう。

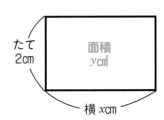

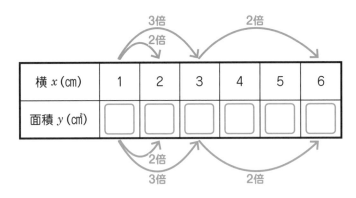

| 横 $x$（cm） | 1 | 2 | 3 | 4 | 5 | 6 |
|---|---|---|---|---|---|---|
| 面積 $y$（cm²） |  |  |  |  |  |  |

このように、**2つの量 $x$ と $y$ があって、$x$ が2倍、3倍、…になると、それにともなって、$y$ も2倍、3倍、…になるとき、「$y$ は $x$ に比例する」**といいます。

### 2 比例の式

上の長方形の例で、「長方形の面積＝たて×横」なので、

「$y = \boxed{\phantom{0}} \times x$」という式が成り立ちます。

$y$ が $x$ に比例するとき、このように「$y$＝決まった数×$x$」という式が成り立つことをおさえましょう。

比例の式　　$y = $ 決まった数 $\times x$

## 比例で、$x$ が $\frac{1}{2}$ 倍、$\frac{1}{3}$ 倍、…になると？

$y$ が $x$ に比例するとき、$x$ が２倍、３倍、…になると、$y$ も２倍、３倍、…になりました。では、$y$ が $x$ に比例するとき、$x$ が $\frac{1}{2}$ 倍、$\frac{1}{3}$ 倍になると、$y$ はどうなるのでしょうか。

左ページの **1** の表で調べると、下のようになります。つまり、$y$ が $x$ に比例するとき、$x$ が $\frac{1}{2}$ 倍、$\frac{1}{3}$ 倍、…になると、それにともなって、$y$ も $\frac{1}{2}$ 倍、$\frac{1}{3}$ 倍…となるのです。おさえておきましょう。

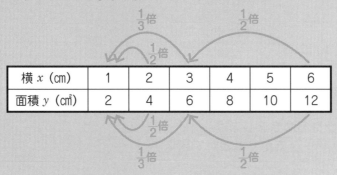

| 横 $x$（cm） | 1 | 2 | 3 | 4 | 5 | 6 |
|---|---|---|---|---|---|---|
| 面積 $y$（cm²） | 2 | 4 | 6 | 8 | 10 | 12 |

## 🐣 解いてみよう！

答えは別冊20ページ

次の表は、ある人が時速4kmで歩いたときの時間 $x$ 時間と道のり $y$ kmの関係を表しています。このとき、後の問いに答えましょう。

| 時間 $x$（時間） | 1 | 2 | 3 | 4 | 5 |
|---|---|---|---|---|---|
| 道のり $y$（km） | 4 | 8 | 12 | 16 | 20 |

（1）$y$ は $x$ に比例していますか。

答え _____

（2）$x$ と $y$ の関係を式に表しましょう。

答え _____

（3）$x$ の値が3.5のときの $y$ の値を求めましょう。

答え _____

## 🐓 チャレンジしてみよう！

答えは別冊20ページ

🐣 **解いてみよう！** の問題で、$y$ が11.8のときの $x$ の値を求めましょう。

答え _____

PART **11** 比例と反比例

# 2 比例のグラフ

ここが大切！ **比例のグラフは3ステップでかこう！**

## ためしてみよう！

□にあてはまる数や言葉を入れましょう。

【例】 $y = 10 \times x$ のグラフをかきましょう。
比例のグラフは次の3ステップでかくことができます。

### ステップ1 $x$ と $y$ の関係を表にかく

$y = 10 \times x$ について、$x$ と $y$ の関係を表にかくと、右のようになります。

| $x$ | 0 | 1 | 2 | 3 | 4 | 5 |
|---|---|---|---|---|---|---|
| $y$ | | | | | | |

### ステップ2 表をもとに、方眼上に点をとる

表を見ながら方眼上に点をとると、下のようになります。横軸は $x$ を表し、たて軸は $y$ を表しています。

### ステップ3 点を直線で結ぶ

ステップ2 でとった点を直線でつないでみましょう。これにより、$y = 10 \times x$ のグラフをかくことができます。

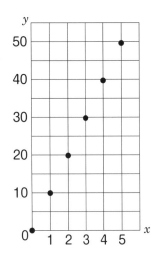

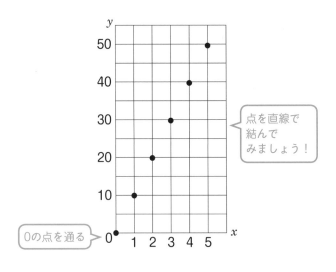

点を直線で結んでみましょう！

0の点を通る

まとめ 比例のグラフは、□の点を通る□になります。

## 比例のグラフが「0の点」を通る理由とは？

左ページで、比例のグラフは、0の点を通る直線になることを解説しました。では、比例のグラフは、なぜ0の点を通るのでしょうか。130ページで、比例の式は「$y$＝決まった数$×x$」になることを学びました。

この「$y$＝決まった数$×x$」の$x$に0を入れると、「$y$＝決まった数$×0$」となります。そして、「どんな数に0をかけても答えは0になる」ので、「$y$＝決まった数$×0＝0$」となります。つまり、「比例では、$x$が0のとき、$y$も必ず0になる」ということです。だから、比例のグラフは、必ず0の点を通るのです。

## 🐣 解いてみよう！

答えは別冊20ページ

1辺の長さが$x$ cmのひし形のまわりの長さを$y$ cmとします。このとき、次の問いに答えましょう。

（1）$x$と$y$の関係を式にしましょう。

答え ＿＿＿＿＿＿＿＿＿＿＿＿＿＿＿

（2）$x$と$y$の関係を、右の表にかきましょう。

| $x$ (cm) | 0 | 1 | 2 | 3 | 4 |
|---|---|---|---|---|---|
| $y$ (cm) | | | | | |

（3）（2）の表をもとに、$x$と$y$の関係を右のグラフにかきましょう。

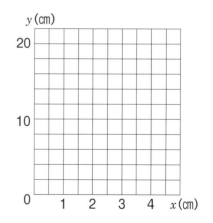

## 🐔 チャレンジしてみよう！

答えは別冊20ページ

🐣 解いてみよう！ （3）のグラフを見て、$x$の値が1.5のときの$y$の値を答えましょう。

答え ＿＿＿＿＿＿＿＿＿＿＿＿＿

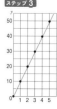

# 3 反比例とは

「$y$ は $x$ に反比例する」とは、どういう意味かおさえよう！

## ためしてみよう！

□にあてはまる数を入れましょう。

### 1 反比例とは

**[例]** 15kmの道のりを時速 $x$ kmで進んでかかる時間を $y$ 時間とします。このとき、$x$ と $y$ の関係を表に表しましょう。

**解きかた** 「時間＝道のり÷速さ」なので、道のり（15km）を速さ（時速 $x$ km）で割って、$y$ の値を求めましょう。

**[答え]**

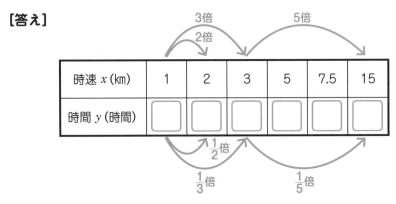

| 時速 $x$ (km) | 1 | 2 | 3 | 5 | 7.5 | 15 |
|---|---|---|---|---|---|---|
| 時間 $y$ (時間) | | | | | | |

このように、**2つの量 $x$ と $y$ があって、$x$ が2倍、3倍、…になると、それにともなって、$y$ が $\frac{1}{2}$ 倍、$\frac{1}{3}$ 倍、…になるとき、「$y$ は $x$ に反比例する」**といいます。

### 2 反比例の式

上の速さの例で、「時間＝道のり÷速さ」なので、

「$y = \boxed{\phantom{00}} \div x$」という式が成り立ちます。$y$ が $x$ に反比例するとき、

このように「$y$ ＝決まった数 $\div x$」という式が成り立つことをおさえましょう。

$$\boxed{\text{反比例の式}} \quad y = 決まった数 \div x$$

## 反比例で、$x$ が $\frac{1}{2}$ 倍、$\frac{1}{3}$ 倍、…になると？

$y$ が $x$ に反比例するとき、$x$ が 2 倍、3 倍、…になると、$y$ は $\frac{1}{2}$ 倍、$\frac{1}{3}$ 倍、…になりました。では、$y$ が $x$ に反比例するとき、$x$ が $\frac{1}{2}$ 倍、$\frac{1}{3}$ 倍、…になると、$y$ はどうなるのでしょうか。

左ページの ■1 の表で調べると、下のようになります。つまり、$y$ が $x$ に反比例するとき、$x$ が $\frac{1}{2}$ 倍、$\frac{1}{3}$ 倍、…になると、それにともなって $y$ は 2 倍、3 倍、…となるのです。おさえておきましょう。

| 時速 $x$ (km) | 1 | 2 | 3 | 5 | 7.5 | 15 |
|---|---|---|---|---|---|---|
| 時間 $y$ (時間) | 15 | 7.5 | 5 | 3 | 2 | 1 |

## 🐣 解いてみよう！

答えは別冊20ページ

容積が21L の空の水そうに、1時間に $x$L ずつ水を入れるとき、$y$ 時間でいっぱいになります。次の表は、このときの $x$ と $y$ の関係を表に表したものです。

| $x$ (L) | 1 | 2 | 3 | 7 | 10.5 | 21 |
|---|---|---|---|---|---|---|
| $y$ （時間） | 21 | 10.5 | 7 | 3 | 2 | 1 |

（1）$y$ は $x$ に反比例していますか。

答え _____

（2）$x$ と $y$ の関係を式に表しましょう。

答え _____

（3）$x$ の値が6のときの $y$ の値を求めましょう。

答え _____

## 🐔 チャレンジしてみよう！

答えは別冊20ページ

🐣 解いてみよう！ の問題で、$y$ が $2\frac{1}{3}$ のときの $x$ の値を求めましょう。

答え _____

PART 11

比例と反比例

# 4 反比例のグラフ

ここが
大切！  **反比例のグラフは3ステップでかこう！**

## ためしてみよう！

□にあてはまる数や言葉を入れましょう。

**[例]** $y = 18 \div x$ のグラフをかきましょう。
反比例のグラフは次の3ステップでかくことができます。

**ステップ1** $x$ と $y$ の関係を表にかく

$y = 18 \div x$ について、$x$ と $y$ の関係を表に
かくと、右のようになります。

| $x$ | 1 | 2 | 3 | 6 | 9 | 18 |
|---|---|---|---|---|---|---|
| $y$ | | | | | | |

**ステップ2** 表をもとに、方眼上に点をとる

表を見ながら、方眼上に点をとると、下
のようになります。

**ステップ3** 点をなめらかな曲線で結ぶ

**ステップ2** でとった点を、なめらかな曲線
でつないでみましょう。これにより、
$y = 18 \div x$ のグラフをかくことができます。

点をなめらかな曲線でつないでみましょう！

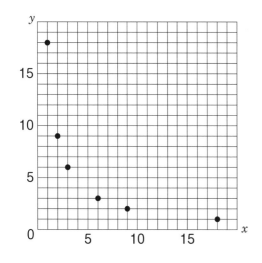

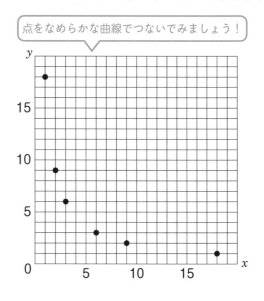

**まとめ** 反比例のグラフは、なめらかな □ になります。

## 比例と反比例が大事な3つの理由

ここまで、比例と反比例について学んできましたが、比例と反比例は他の単元と同様、大切な単元です。それには、大きく3つの理由があります。1つずつみていきましょう。

### 理由その1 数学でも大事な分野だから

比例と反比例は、中学、高校で習う数学の入り口といえる単元です。比例と反比例で習う内容は、数学の大事な分野である「関数」につながっていきます。

### 理由その2 理科でもよく出てくる

比例と反比例は、理科でもよく出てきます。例えば、中学の理科で習う「圧力」では「圧力は、押す力に比例する」「圧力は、押す面積に反比例する」という性質があります。

### 理由その3 日常生活でも使う

比例、反比例という言葉は日常生活でも使います。例えば「勉強時間に比例するように、成績を上げたい」「従業員を増やしたが、それと反比例するように売上は下がっていった」などのようにです。

## 解いてみよう！

答えは別冊20ページ

面積が10㎠の長方形のたての長さ $x$ ㎝と横の長さ $y$ ㎝について、次の問い
に答えましょう。

（1）$x$ と $y$ の関係を式に表しましょう。

（2）$x$ と $y$ の関係を、下の表にかきましょう。

**答え** ＿＿＿＿＿＿＿＿＿＿＿

| $x$ (cm) | 1 | 2 | 2.5 | 4 | 5 | 10 |
|---|---|---|---|---|---|---|
| $y$ (cm) | | | | | | |

（3）（2）の表をもとに、$x$ と $y$ の関係
を下のグラフにかきましょう。

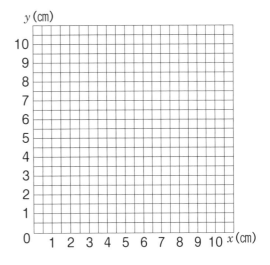

## チャレンジしてみよう！

答えは別冊20ページ

解いてみよう！（1）で求めた式を使って、たての長
さが $\frac{6}{7}$ ㎝のときの横の長さを求めましょう。

**答え** ＿＿＿＿＿＿＿＿＿＿＿

ためしてみよう！のこたえ　ステップ1 の表（左から）18、9、6、3、2、1　まとめ 曲線

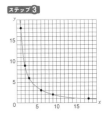

# 比例と反比例
## まとめテスト

答えは別冊21ページ

合格点70点以上

| | | | | |
|---|---|---|---|---|
| 1回目 | 月 | 日 | 点 |
| 2回目 | 月 | 日 | 点 |
| 3回目 | 月 | 日 | 点 |

※何度も復習したい方は、直接書き込まずノートを使うとよいでしょう。

**1** 次の表で、$y$ は $x$ に比例しています。このとき、後の問いに答えましょう。
[（1）8点（2）各4点、計20点]

| $x$ | 1 | ㋑ | 5 | 9 |
|---|---|---|---|---|
| $y$ | ㋐ | 24 | 40 | ㋒ |

（1）$x$ と $y$ の関係を式に表しましょう。

答え ＿＿＿＿＿＿＿＿

（2）㋐〜㋒にあてはまる数を答えましょう。

答え ㋐　　　㋑　　　㋒

**2** 次の表で、$y$ は $x$ に反比例しています。このとき、後の問いに答えましょう。
[（1）8点（2）各4点、計20点]

| $x$ | 3 | 6 | ㋑ | 15 |
|---|---|---|---|---|
| $y$ | ㋐ | 10 | 5 | ㋒ |

（1）$x$ と $y$ の関係を式に表しましょう。

答え ＿＿＿＿＿＿＿＿

（2）㋐〜㋒にあてはまる数を答えましょう。

答え ㋐　　　㋑　　　㋒

**3** 直方体の形をした空の水そうに、1分あたり1.5cmずつ深くなるように水を入れていきます。水を入れる時間を $x$ 分、水の深さを $y$ cmとするとき、次の問いに答えましょう。

[各10点、計30点]

（1）$x$ と $y$ の関係を式に表しましょう。

答え _____

（2）$x$ と $y$ の関係を、下の表にかきましょう。

| 時間 $x$（分） | 0 | 1 | 2 | 3 |
|---|---|---|---|---|
| 深さ $y$（cm） | | | | |

（3）（2）の表をもとに、$x$ と $y$ の関係を下のグラフにかきましょう。

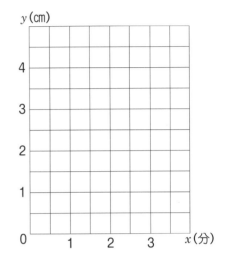

**4** 面積が6cm²の三角形があります。この三角形の底辺の長さが $x$ cmで、高さが $y$ cmのとき、次の問いに答えましょう。

[各10点、計30点]

（1）$x$ と $y$ の関係を式に表しましょう。

答え _____

（2）$x$ と $y$ の関係を、下の表にかきましょう。

| 底辺 $x$（cm） | 1 | 2 | 3 | 4 | 6 | 12 |
|---|---|---|---|---|---|---|
| 高さ $y$（cm） | | | | | | |

（3）（2）の表をもとに、$x$ と $y$ の関係を下のグラフにかきましょう。

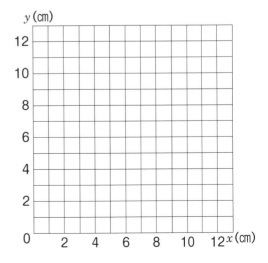

〈 6年生 〉

# 1 並べかた

## ためしてみよう！

□にあてはまる数（または、カードの数）を入れましょう（同じ記号には同じ数が入ります）。

**「あることがらが起こるのが何通りあるか」を場合の数といいます。**

何通りあるか調べるときに役に立つのが樹形図です。木が枝分かれしているように見えるので、樹形図といいます。

【例】 2、5、8の3枚のカードがあります。この3枚のカードを使って3けたの整数をつくるとき、3けたの整数は全部で何通りできますか。

解きかた 樹形図をかいて、何通りできるか調べていきます。
百の位、十の位、一の位に分けて考えます。

①まず、百の位が2のときを考えます。百の位が2のとき、十の位は5か8になるので、それを右の樹形図にかきましょう。

②①で、十の位が5のとき、一の位は8になります。また、十の位が8のとき、一の位は5になるので、それを右の樹形図にかきましょう。

③同じように、百の位が5のときと、百の位が8のときをそれぞれ右の樹形図にかきましょう。

④樹形図から、3けたの整数は、全部で
⑨ □ 通りできることがわかります。

答え ⑨ □ 通り

## 樹形図はたてをそろえてかこう！

樹形図をかくとき、下の 好ましくない例 のように、たてをそろえずにかいてしまう子がいます。このように、たてをそろえずにかくと、

最後に「何通りか」数えるときに数え間違ってしまうミスをしがちです。好ましい例 のように、樹形図はたてをそろえてかくようにしましょう。

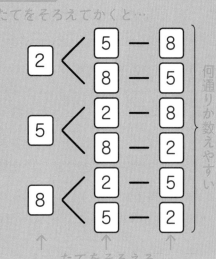

好ましくない例 （左ページの問題の場合）
たてをそろえないでかくと…
何通りか数えにくい

好ましい例
たてをそろえてかくと…
何通りか数えやすい
↑　↑　↑
たてをそろえる

---

##  解いてみよう！

答えは別冊21ページ

A、B、C、Dの4人が、チームを組んでリレーに出場します。
Aが第1走者のときの、4人の走る順番は、全部で何通りありますか。

答え _____

---

## チャレンジしてみよう！

答えは別冊21ページ

解いてみよう！で、A、B、C、Dの4人だれもが第一走者になりうるときの4人の走る順番は、全部で何通りありますか。

答え _____

# 2　組み合わせ

## ためしてみよう！

□にあてはまる数やアルファベットを入れましょう。

順序を考えるのが「並べかた」で、順序を考えないのが「組み合わせ」です。

どういうことか次の例題を解きながら、理解していきましょう。

【例】　次の問いに答えましょう。
（1）　3人のうち、2人並べる並べかたは何通りですか。
（2）　3人のうち、2人選ぶ組み合わせは何通りですか。

ポイント　（1）が並べかたの問題で、（2）が組み合わせの問題です。
　　　　　3人をA、B、Cとして考えます。

（1）の解きかた
3人のうち、2人を並べる並べかたを樹形図で調べると、
図1のようになります。

これにより、3人のうち、2人を並べる並べかたは□通りです。
答え

図1

A < B
    C

ア□　イ□　ウ□

エ□　オ□　カ□

（2）の解きかた
（1）の並べかたの問題では、例えば「A－B」と「B－A」という並べかたを区別して2通りとしました。一方、（2）の組み合わせの問題では、「選ぶ」だけなので、「A－B」と「B－A」を区別せず、合わせて1通りとします。つまり、「並べかた」では順序を考えるが、「組み合わせ」では順序を考えないのです。

図1で、「A－B」と「B－A」のように重なっているものに×をつけると図2のようになります。これにより、3人のうち、2人を選ぶ組み合わせは□通りです。
答え

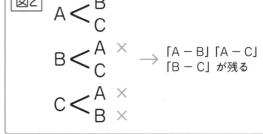

## 組み合わせの問題の別解とは？

組み合わせの問題には別の解きかたがあります。それは、〔表1〕のような表を使った方法です（左ページの（2）の問題を例にします）。

〔表1〕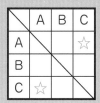

例えば、〔表1〕の2つの☆は、どちらも「AとC」が選ばれたことを表します（どちらも同じ「AとC」なので、1通りを表しています）。そして、この表で3人（A、B、C）のうち、2人を選ぶ組み合わせに○をつけると、〔表2〕のようになり、答えは3通りだとわかります。

〔表2〕

○が3つだから
3通り

---

 解いてみよう！

答えは別冊21ページ

A、B、C、Dの4枚のカードのうち、2枚を選ぶ組み合わせは何通りありますか。左ページのように、樹形図をかいて（あてはまらないものに×をつけて）求めましょう。

答え _____

---

チャレンジしてみよう！

答えは別冊21ページ

解いてみよう！の問題を、お子さんに教えたいアドバイス！に記しているような表をかいて、求めましょう。

答え _____

ためしてみよう！のこたえ （1）㋐B ㋑A ㋒C ㋓C ㋔A ㋕B　答え　6通り　（2）答え　3通り
※PART 12 のまとめテストは148ページにあります

# 1 代表値とドットプロット

## ためしてみよう！

□にあてはまる数を入れましょう（同じ記号には、同じ数が入ります）。

調査や実験などによって得られた数や量の集まりを、データといいます。
データ全体の特徴を、1つの数値で表すとき、その数値を代表値といいます。
代表値には、平均値、中央値、最頻値などがあります。

【例】 15人の生徒に、10問の計算テストを行ったとき、正解の数はそれぞれ次のようになりました。このとき、後の問いに答えましょう。

5　7　2　3　1　5　7　0　2　10　8　4　6　7　8 (問)

（1）このデータの平均値は何問ですか。
（2）このデータの中央値は何問ですか。
（3）このデータを、ドットプロットに表しましょう。
（4）このデータの最頻値は何問ですか。

> ドットプロットとは、数直線上に、データを点（ドット）で表した図のことです。

解きかた

（1）「データの値の合計」を「データの値の個数」で割ったものを、平均値といいます。

$$( 5 + 7 + 2 + 3 + 1 + 5 + 7 + 0 + 2 + 10 + 8 + 4 + 6 + 7 + 8 ) ÷ \boxed{\phantom{ア}}^{ア}$$

データの値の合計　　　　　　　　　　　　　　　　　　　個数

$$= \boxed{\phantom{イ}}^{イ} ÷ \boxed{\phantom{ア}}^{ア} = \boxed{\phantom{ウ}}^{ウ}$$ 　答え $\boxed{\phantom{ウ}}^{ウ}$ 問

（2）データを小さい順に並べたとき、中央にくる値を、中央値、またはメジアンといいます。このデータを小さい順に並べて中央値を調べると、次のようになります。

0　1　2　2　3　4　5　⑤　6　7　7　7　8　8　10
　　　　7個　　　　　中央値　　　　7個

答え $\boxed{\phantom{エ}}^{エ}$ 問

（3）この【例】のデータを、ドットプロットに表すと、次のようになります。

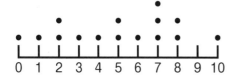

（4）データの中で、最も個数の多い値を、最頻値、またはモードといいます。
（3）のドットプロットをみると、最頻値は $\boxed{\phantom{オ}}^{オ}$ 問だとわかります。

答え $\boxed{\phantom{オ}}^{オ}$ 問

## データの個数が偶数のときの 中央値の求めかたに注意しよう！

次の【例】のようにデータの個数が偶数のとき、中央値の求めかたに注意が必要です。
【例】データ「１ ２ ３ ３ ４ ５ ７ ９」の中央値を求めましょう。

このデータの個数は、偶数（８個）です。この場合、データを小さい順に並べたとき、中央にくる２つの平均値を、中央値とするようにしましょう。この【例】での中央値は、次のように、3.5 と求められます。

１ ２ ３ ③ ④ ５ ７ ９

中央値「３と４の平均値」

中央値は
（３＋４）÷２＝3.5

## 🐣 解いてみよう！

答えは別冊22ページ

12人の生徒が、先週、図書館に行った回数を調べたところ、次のようになりました。このとき、後の問いに答えましょう。また、答えが小数か分数になる場合、小数で答えてください。

３ ０ ２ ３ １ ３ ２ ０ ５ ４ １ ３（回）

（１）このデータを、右の図にドットプロットとして表しましょう。

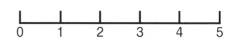

（２）このデータの最頻値は何回ですか。

答え _____

## 🐓 チャレンジしてみよう！

答えは別冊22ページ

🐣 解いてみよう！の問題で、このデータの中央値は何回ですか。
お子さんに教えたいアドバイス！ で述べたことに注意して求めましょう。

答え _____

ためしてみよう！のこたえ　㋐15　㋑75　㋒5　㋓5　㋔7

# 2 度数分布表と柱状グラフ

**ここが大切！** データを、度数分布表や柱状グラフに表すメリットをおさえよう！

## ～ ためしてみよう！

□にあてはまる数や言葉を入れましょう。

あるクラスの30人全員の通学時間を、右のように、表に表しました。

この表について、次の用語の意味をおさえましょう。

**階級** … **区切られたそれぞれの区間**
（右の表で、10分以上15分未満など）

**階級の幅** … **区間の幅**（右の表の階級の幅は、ア□分）

**度数** … **それぞれの階級にふくまれるデータの個数**

・右の表で、例えば、5分以上10分未満の度数は、イ□

・右の表で、例えば、15分以上20分未満の度数は、ウ□

・右の表で、例えば、20分以上25分未満の度数は、エ□

| 時間（分） | 人数（人） |
|---|---|
| 5 以上 〜 10 未満 | 2 |
| 10 〜 15 | 5 |
| 15 〜 20 | 8 |
| 20 〜 25 | 9 |
| 25 〜 30 | 5 |
| 30 〜 35 | 1 |
| 合計 | 30 |

**度数分布表** … 右上の表のように、**データをいくつかの階級に区切って、それぞれの階級の度数を表した表**

度数分布表を、右のようなグラフとして表すこともできます（横軸は時間を、たて軸は人数をそれぞれ表します）。

右のように、**それぞれの度数を、長方形の柱のように表したグラフ**を、オ□、または、**ヒストグラム**といいます。

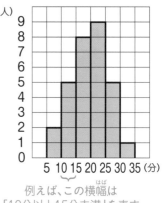

例えば、この横幅は
「10分以上15分未満」を表す

### データを、度数分布表や柱状グラフに表すメリットとは？

初めはバラバラだったデータを、度数分布表に表すことによって、データのちらばりの様子をわかりやすく整理することができます。左ページの度数分布表からは、例えば「通学時間が20分以上25分未満の人数が一番多い」ということも、すぐに読み取ることができます。

また、柱状グラフに表すことによって、データのちらばりの様子を、目で見てわかりやすい形にすることができます。

このように、データを、度数分布表や柱状グラフに表すメリットをおさえることがポイントです。

## 🐣 解いてみよう！

答えは別冊22ページ

生徒28人の50m走の記録を調べたところ、次のような結果になりました。このとき、後の問いに答えましょう。

| | | | | | | |
|---|---|---|---|---|---|---|
| 8.8秒 | 9.1秒 | 8.0秒 | 9.7秒 | 10.0秒 | 8.6秒 | 9.3秒 |
| 9.0秒 | 7.4秒 | 8.2秒 | 8.5秒 | 9.6秒 | 9.4秒 | 9.9秒 |
| 8.3秒 | 8.9秒 | 8.7秒 | 10.2秒 | 9.4秒 | 9.5秒 | 7.7秒 |
| 9.1秒 | 7.9秒 | 10.4秒 | 9.0秒 | 8.1秒 | 9.8秒 | 8.5秒 |

生徒28人の50m走の記録を、右の度数分布表に表しましょう。

| 時間（秒） | | | 人数（人） |
|---|---|---|---|
| 7.0 以上 | ～ | 7.5 未満 | |
| 7.5 | ～ | 8.0 | |
| 8.0 | ～ | 8.5 | |
| 8.5 | ～ | 9.0 | |
| 9.0 | ～ | 9.5 | |
| 9.5 | ～ | 10.0 | |
| 10.0 | ～ | 10.5 | |
| 合計 | | | |

## 🐔 チャレンジしてみよう！

答えは別冊22ページ

🐣 解いてみよう！の生徒28人の50m走の記録を、柱状グラフに表しましょう。

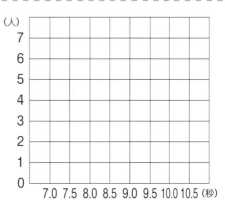

😊 ためしてみよう！のこたえ　㋐5　㋑2　㋒8　㋓9　㋔柱状グラフ　**147**

# 場合の数・データの調べかた
# まとめテスト

答えは別冊22ページ

合格点70点以上

1 回目　　　月　　日　　　点
2 回目　　　月　　日　　　点
3 回目　　　月　　日　　　点

※何度も復習したい方は、直接書き込まずノートを使うとよいでしょう。

**1** ①、②、③、④の4枚のカードがあります。このとき、次の問いに答えましょう。
[各12点、計24点]

（1）この4枚のカードのうち、2枚を使って2けたの整数をつくるとき、2けたの整数は全部で何通りできますか。

答え _____

（2）この4枚のカードのうち、3枚を使って3けたの整数をつくるとき、3けたの整数は全部で何通りできますか。

答え _____

**2** A、B、C、D、E、F の6人がいます。この6人の中から4人を選ぶ組み合わせは何通りですか。
[13点]

答え _____

**3** 14人の生徒に、5問の計算テストを行ったときの正解の数を、ドットプロットに表すと、右のようになりました。このとき、後の問いに答えましょう。

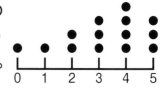

[各12点、計24点]

（1）このデータの中央値は何問ですか。

答え＿＿＿＿＿＿＿＿＿＿

（2）このデータの最頻値は何問ですか。

答え＿＿＿＿＿＿＿＿＿＿

**4** 25人の生徒に、50点満点の算数テストを行い、その結果を度数分布表に表すと、右のようになりました。このとき、後の問いに答えましょう。

[各13点、計39点]

| 点数（点） | 人数（人） |
|---|---|
| 0 以上 ～ 10 未満 | 3 |
| 10 ～20 | 5 |
| 20 ～30 | 8 |
| 30 ～40 | 6 |
| 40 ～50 | 3 |
| 合計 | 25 |

（1）20点未満の人は、合わせて何人ですか。

答え＿＿＿＿＿＿＿＿＿＿

（2）30点以上の人は、合わせて何人ですか。

答え＿＿＿＿＿＿＿＿＿＿

（3）20点以上40点未満の人は、合わせて何人ですか。

答え＿＿＿＿＿＿＿＿＿＿

# 小学校6年分の総まとめ
## チャレンジテスト

答えは別冊23ページ

※何度も復習したい方は、直接書き込まずノートを使うとよいでしょう。

**1** 次の計算をしましょう。

[各5点、計20点]

（1）$38 \times (6 + 760 \div 95)$

（2）$40.5 \div 1.5 - 7.7 \times 2.1$

（3）$2\frac{3}{4} + \frac{5}{6} - 1\frac{1}{3}$

（4）$5\frac{1}{7} \div 0.3 \times \frac{7}{9}$

**2** 28と42の最大公約数と最小公倍数をそれぞれ答えましょう。

[各5点、計10点]

答え　最大公約数…_____
　　　最小公倍数…_____

**3** 次の図は、正方形の内側に、円がぴったりと入った図形です。かげをつけた部分の面積の合計は何cm²ですか。ただし、円周率は3.14とします。

[10点]

**4** 次の立体は、底面の形がひし形の四角柱です。この立体の体積は何cm³ですか。

[10点]

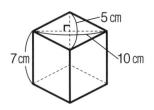

答え_____

答え_____

**5** 次の体積（容積）の平均は何Lですか。
[10点]

5400mL、 0.02kL、 7700cm³、 29dL

答え _____

**6** 次の□にあてはまる数を答えましょう。
[10点]

「5.5mの3%の長さ」は「□cmの1割5分の長さ」に等しい。

答え _____

**7** ある人が時速 $x$ kmで、6kmの道のりを歩いたところ、$y$ 時間かかりました。次の表は、そのときの $x$ と $y$ の関係を表したものです。このとき、$y$ は $x$ に比例していますか、反比例していますか。
[10点]

| $x$ | 1 | 2 | 3 | 6 |
|-----|---|---|---|---|
| $y$ | 6 | 3 | 2 | 1 |

答え _____

**8** （1）あ、い、うの3枚のカードのうち、2枚を並べる並べかたは何通りですか。

（2）あ、い、うの3枚のカードのうち、2枚を選ぶ組み合わせは何通りですか。

[各5点、計10点]

答え _____　　　　　答え _____

**9** 右の度数分布表は、37人の算数テストの結果を表したものです。度数分布表の、アの人数とイの人数の比が2：3であるとき、アとイにあてはまる数をそれぞれ答えましょう。
[各5点、計10点]

| 点数（点） | | 人数（人） |
|---|---|---|
| 60以上〜 | 70未満 | ア |
| 70 | 〜 80 | 10 |
| 80 | 〜 90 | イ |
| 90 | 〜 100 | 7 |
| 合計 | | 37 |

答え _____

# 学校では教えてくれない! 算数裏ワザ集

算数には、多くの子が知らず、また学校でも教えてくれない裏ワザが存在します。知っておくと勉強やテストで役に立つ、そんな算数の裏ワザを紹介していきます。身につけて、算数をさらに得意にしましょう!

## 裏ワザ1

### 「おみやげ算」で2けたの数の2乗暗算をしよう!

85×85や41×41など、ある数に同じ数をかけることを「2乗」といいます。算数でも2乗の計算はよく出てきますが、「おみやげ算」という方法を使えば、2けたの数の2乗計算を暗算することができます。

次の3ステップで「おみやげ算」を説明していきます。

[例1] 85×85

ステップ1 右の85の一の位の5を、おみやげとして、左の85にわたします。そうすると、85×85が、90×80になります。

85 × 8⑤
おみやげの5をわたす
5ふえる↓ 5へる↓
90 × 80

ステップ2 90×80を計算すると、7200です。

ステップ3 その7200に、おみやげの5を2乗した(2回かけた)25をたすと、

7225となります。この7225が答えです。

7200+5×5=7200+25=7225
おみやげを2回かける

もう一例みてみましょう。

[例2] 41×41

ステップ1 右の41の一の位の1を、おみやげとして、左の41にわたします。そうすると、41×41が、42×40になります。

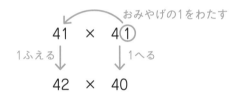

41 × 4①
おみやげの1をわたす
1ふえる↓ 1へる↓
42 × 40

ステップ2 42×40を計算すると、1680です。

ステップ3 その1680に、おみやげの1を2乗した(2回かけた)1をたすと、1681となります。この1681が答えです。

1680+1×1=1680+1=1681
おみやげを2回かける

2つの例でみたように「おみやげ算」を使えば、2けたの数の2乗計算を暗算できます。他の例でもためしてマスターしましょう。

## 裏ワザ2
# この分数と小数の変換（へんかん）は覚えたほうがおトク！

48ページの「分数と小数の変換」では、分数を小数に、または、小数を分数に直す方法を学びました。一方、よく出てくる分数と小数の変換は、暗記してしまうことをおすすめします。

実際、「$\frac{1}{2}=0.5$」「$\frac{1}{5}=0.2$」などは、多くの小学生が暗記できています。

それに対して、「4分の～」「8分の～」の分数と小数の変換になると、暗記している小学生はぐっと少なくなります。でも、「4分の～」「8分の～」の分数と小数の変換も覚えておくと、計算が楽になることが多いです。次の分数と小数の変換は、できれば覚えておきましょう。

> ● **できれば暗記したい分数と小数の変換**
>
> $\frac{1}{4}=0.25$ $\qquad$ $\frac{3}{4}=0.75$
>
> $\frac{1}{8}=0.125$ $\qquad$ $\frac{3}{8}=0.375$
>
> $\frac{5}{8}=0.625$ $\qquad$ $\frac{7}{8}=0.875$

この変換を覚えておくと、次のような計算が楽になります。

> **[例1]** $0.75×0.625$
>
> これを小数のまま筆算で計算するのは大変そうですね。でも、分数に変換すると、次のように楽に解けます。
>
> $$0.75×0.625=\frac{3}{4}×\frac{5}{8}=\frac{15}{32}$$

また、次のような**割合の問題でも役に立つ**ことがあります。

> **[例2]** 480円の3割7分5厘は何円ですか。
>
> この問題は、歩合の3割7分5厘を、小数の0.375（倍）に直して、480×0.375を計算すれば求められます。しかし、480×0.375も、このまま筆算して求めようとすると計算が大変になります。
>
> 一方、$0.375=\frac{3}{8}$を覚えていれば、次のように楽に求められます。
>
> $$480×0.375$$
> $$=\overset{60}{480}×\frac{3}{\underset{1}{8}} \quad \text{0.375を}\frac{3}{8}\text{にする}$$
> $$=180円$$

ちなみに、「4分の～」「8分の～」の分数と小数の変換を知っておいたほうが楽に解ける問題は、中学入試にもよく出題されます。

## ひし形の面積を求める公式の意外な使いかた！

「四角形の面積（64ページ）」で、ひし形の面積が「対角線×対角線÷2」で求められることを学びました。実はこの公式は、正方形の面積を求めるときにも使えるのです。次の問題を解いてみましょう。

【例1】次の正方形の面積を求めましょう。

解きかた

この正方形の対角線は8cmです。だから、面積は、

対角線×対角線÷2＝8×8÷2＝32㎠

と求められます。

同じ公式で、次のような四角形の面積も求めることができます。

【例2】次の四角形の面積を求めましょう。

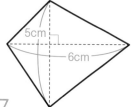

解きかた

この四角形の対角線は5cmと6cmです。だから、面積は、

対角線×対角線÷2＝5×6÷2＝15㎠

と求められます。

どうして、正方形や、【例2】のような四角形でも、同じ公式で求めることができるのでしょうか？　それは、対角線が垂直に交わる四角形なら、面積が「対角線×対角線÷2」で求められるからです。正方形も、【例2】の四角形も、対角線は垂直に交わります。だから、面積が「対角線×対角線÷2」で求められたのです。おさえておきましょう。

## 平均の計算が楽になる裏ワザ！

【例】次の重さの平均は何gですか。

74g、　72g、　71g、　76g、　77g

この例題は「平均＝合計÷個数」という公式より、次のように求められます。

（74＋72＋71＋76＋77）÷5＝370÷5＝74g

でも、「74＋72＋71＋76＋77」、「370÷5」の計算がめんどうですね。こんなとき、楽に平均を求める「基準を使う方法」があるので紹介します。

●基準を使う解きかた【3ステップ】

ステップ1 基準を決めて、それとの差を求める

70gを基準とすると、それぞれの重さと70gの差は次のようになります。

4g、　2g、　1g、　6g、　7g

**ステップ2** 差の平均を求める

**ステップ1** の5つの重さの平均を求めると（4＋2＋1＋6＋7）÷5＝20÷5＝4g となります。

**ステップ3** 基準と、差の平均をたす

基準の70gに、**ステップ2** で求めた4gをたして、平均の70＋4＝74g が求められます。

この「基準を使う解きかた」で必要だったのは、次の2つの式です。

（4＋2＋1＋6＋7）÷5＝4（g）

70＋4＝74g

「（74＋72＋71＋76＋77）÷5＝74g」という計算に比べて、かなり楽に解けますね。ちなみに、今回は基準を70gとしましたが、他の数（例えば、50gや60gなど）を基準にしても求められますので、ためしてみるとよいでしょう。

---

## 裏ワザ5
# かんたんな例におきかえる裏ワザ！

「単位量あたりの大きさ（94ページ）」で、次のような問題が出題されることがあります。

**[例1]** 0.12Lのガソリンで、1.5km走る車があります。この車はガソリン1Lあたり何km走りますか。

このような問題を解くとき、「1.5÷0.12」と「0.12÷1.5」のどちらの計算をするべきか迷ってしまう子がいます。そんな子におすすめなのが「かんたんな例におきかえる方法」です。**[例1]** の0.12（L）と1.5（km）をかんたんな数におきかえると、次の **[例2]** のようになります。

**[例2]** 2Lのガソリンで、6km走る車があります。この車はガソリン1Lあたり何km走りますか。

**[例2]** では、2Lで6km走るので、1Lでは、6÷2＝3km走るとかんたんに求められます。このように、かんたんな例におきかえたことで、次の公式が成り立つこともみちびけます。

「走った距離（km）÷使ったガソリンの量（L）＝1Lあたりで走れる距離（km）」

この公式が成り立つことがわかったら、**[例1]** にもどりましょう。走った距離（1.5km）を、使ったガソリンの量（0.12L）で割れば、1Lあたりで走れる距離が求められます。

だから、答えは、1.5÷0.12＝12.5km と求められます。

このように、単位量あたりの大きさの問題で、「どちらをどちらで割るか」迷ったときに、かんたんな例におきかえて考えてみることをおすすめします。

# 意味つき索引

※太字のページには、用語の解説が詳しく載っています。

※太字のページには、用語の解説が詳しく載っています。

## 著者紹介

# 小杉 拓也 （こすぎ・たくや）

◎──東大卒プロ算数講師、志進ゼミナール塾長。東大在学時から、プロ家庭教師、中学受験塾SAPIXグループの個別指導塾などで指導経験を積み、常にキャンセル待ちの人気講師として活躍。

◎──現在は、自身で立ち上げた中学・高校受験の個別指導塾「志進ゼミナール」で生徒の指導を行う。とくに中学受験対策を得意とし、毎年難関中学に合格者を輩出。指導教科は小学校と中学校の全科目で、暗算法の開発や研究にも力を入れている。算数が苦手だった子の偏差値を45から65に上げるなど、着実に成績を伸ばす指導に定評がある。

◎──もともと算数や数学が得意だったわけではなく、中学3年生のときの試験では、学年で下から3番目の成績。分厚い数学の問題集をすべて解いても成績が上がらなかったため、基本に立ち返って教科書で勉強をしたところ、テストで点数がとれるようになる。それだけでなく、ほとんど塾に通わずに現役で東大に合格するほど学力が伸びた。この経験から、「自分にとって難しすぎる問題集を解いても無意味」ということを知り、苦手意識のある生徒の学力向上に活かしている。

◎──著書は、『小学校6年間の算数が1冊でしっかりわかる本』『中学校3年間の数学が1冊でしっかりわかる本』『高校の数学I・Aが1冊でしっかりわかる本』（すべてかんき出版）、『小学校6年分の算数が教えられるほどよくわかる』（ベレ出版）など多数ある。

◎──本書は、ベストセラーとなった『小学校6年間の算数が1冊でしっかりわかる本』の問題集を2020年度からの新学習指導要領に対応させた改訂版で、自力で問題を解く力をつけるための練習問題を厳選し、ポイントをおさえて解説したものである。

かんき出版 学習参考書のロゴマークができました！

**明日を変える。未来が変わる。**

マイナス60度にもなる環境を生き抜くために、たくさんの力を蓄えているペンギン。
マナPenくんは、知識と知恵を蓄え、自らのペンの力で未来を切り拓く皆さんを応援します。

マナPenくん®

改訂版 小学校6年間の算数が1冊でしっかりわかる問題集

| 2017年1月23日 | 初版 第1刷発行 |
| 2020年1月6日 | 改訂版第1刷発行 |
| 2024年9月2日 | 改訂版第14刷発行 |

著 者——小杉 拓也
発行者——齊藤 龍男
発行所——株式会社かんき出版
　　　　　東京都千代田区麹町4-1-4 西脇ビル　〒102-0083
　　　　　電話　営業部：03(3262)8011(代)　編集部：03(3262)8012(代)
　　　　　FAX　03(3234)4421　　　　　振替　00100-2-62304
　　　　　http://www.kanki-pub.co.jp/
印刷所——TOPPANクロレ株式会社

・カバーデザイン
　Isshiki

・本文デザイン
　二ノ宮 匡（ニクスインク）

・DTP
　茂呂田 剛（エムアンドケイ）
　畑山 栄美子（エムアンドケイ）

改訂版

# 小学校6年間の算数が1冊でしっかりわかる問題集

東大卒プロ算数講師
小杉拓也

## 解答と解説

## お父さん、お母さんへのアドバイス

答え合わせ(丸つけ)と、お子さんに教えるときのポイントについてお伝えします。

### ① 答え合わせ(丸つけ)をする

答えだけでなくて、「途中式も合っているか」をできるだけチェックしましょう。

答えは合っていても、途中式がまちがっていたり、もっと効率のいい方法で解けたりする場合があるので注意が必要です。

例えば、52、53ページで解説しているように、分数のたし算には「帯分数のくり上げを使う方法」と「仮分数に直す方法」があります。お子さんが「仮分数に直す方法」で計算しているようなら、「帯分数のくり上げを使う方法」も教えてあげるとよいでしょう。

また、答えの単位を適切につけられているかも、見てあげましょう。学校などのテストでも、単位の正誤は採点対象に含まれることが多いです。

例えば「何kgですか」と問われている問題なら、「〜 kg」という形で答えられているか、といったことです。

### ② お子さんにもう一度考えてもらう

時間に余裕があるときは、まちがった問題をすぐに教えるのではなく、お子さんにもう一度考えてもらうのも、1つの方法です。お子さんの「自分で考えて解く力」をできるだけ伸ばすような指導をしてあげましょう。

### ③ お子さんに解きかた(の一部)を教える

お子さんにもう一度考えてもらっても解けない場合は、お父さん、お母さんが教えてあげましょう。ただし、解きかたのすべてを教えるのではなく、「解くための最低限のヒント」を教えるのがおすすめです。② でも触れたように、お子さんの「自分で考えて解く力」をできる限り育てるためです。

### ④ お子さんに再度解いてもらう(解説してもらう)

教えたあとに、「本当に自力で解けるかどうか」を確認するために、もう一度お子さんに解いてもらいましょう。解いてもらうだけでなく、お子さんに「その問題を解説してもらう」のも、1つの方法です。解説してもらうことで、お子さんが、どのような考えかたで問題を解いたかが、よくわかるからです。

# 解答だけでなく、途中式もすべて載せています！

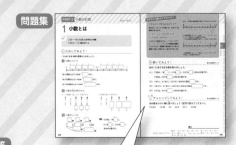

問題集

別冊解答

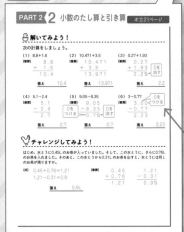

ミスをしやすい
ポイントも
しっかり確認
しましょう。

---

## 🐣 解いてみよう！

**1** さくらんぼの中に数を書いて、答えを求めましょう。

(1) $9 + 8 = 17$
　①7
　9は、1をたすと10

(2) $26 + 5 = 31$
　④1
　26は、4をたすと30

(3) $84 + 59 = 143$
　⑥53
　84は、6をたすと90

**2** 次の計算をしましょう。

(1)
```
   1
  19
 +32
  51
```

(2)
```
    1
  205
 + 45
  250
```

(3)
```
   11
  956
 +847
 1803
```

## 🐔 チャレンジしてみよう！

次の計算をしましょう。

(1)
```
   1
  21
  55
 +68
 144
```

(2)
```
  112
 7028
 6919
+1357
15304
```
8+9+7=24なので
2がくり上がる

---

## 🐣 解いてみよう！

**1** さくらんぼの中に数を書いて答えを求めましょう。

(1) $11 - 3 = 8$
　①2
　11は、1を引くと10

(2) $83 - 7 = 76$
　③4
　83は、3を引くと80

(3) $155 - 9 = 146$
　⑤4
　155は、5を引くと150

**2** 次の計算をしましょう。

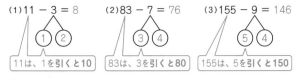

(1)
```
   4
  52
 -36
  16
```

(2)
```
   21
  324
 - 98
  226
```

(3)
```
   74
  853
 -694
  159
```

## 🐔 チャレンジしてみよう！

次の計算をしましょう。

(1)
```
  999
 10000
 - 2718
  7282
```

(2) 「10000−2718」を暗算で解く方法を考えてみましょう。
「10000から引くこと」は
「9999から引いて1たすこと」と同じだから
$10000 - 2718 = 9999 - 2718 + 1$
$= 7281 + 1 = 7282$

---

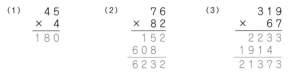

## 🐣 解いてみよう！

次の計算をしましょう。

(1)
```
   45
 ×  4
  180
```

(2)
```
   76
 × 82
  152
  608
 6232
```

(3)
```
  319
 × 67
 2233
 1914
21373
```

## 🐔 チャレンジしてみよう！

1枚の重さが527gの板が384枚あります。384枚の板の重さは全部で何gですか。

【式】　$527 × 384 = 202368$

1枚あたりの重さ × 枚数 = 全部の重さ

【筆算】
```
    527
 ×  384
   2108
   4216
   1581
 202368
```

答え　202368g

2

## 🐣 解いてみよう！

次の計算をしましょう。あまりが出るときはあまりも出しましょう。

(1)
```
      2 4
  6 ) 1 4 9
      1 2
      2 9
      2 4
        5
```
答え　24あまり5

(2)
```
        5
 37 ) 2 0 1
      1 8 5
        1 6
```
答え　5あまり16

(3)
```
        7 1
 85 ) 6 1 1 9
      5 9 5
        1 6 9
          8 5
          8 4
```
答え　71あまり84

## 🐔 チャレンジしてみよう！

🐣 解いてみよう！の答えが合っているかどうか、
「割る数×商＋あまり＝割られる数」の式でたしかめてみましょう。

(1)　割る数　商　あまり　割られる数
　　　6　×　24　＋　5　＝　149

(2)　割る数　商　あまり　割られる数
　　　37　×　5　＋　16　＝　201

(3)　割る数　商　あまり　割られる数
　　　85　×　71　＋　84　＝　6119

## 🐣 解いてみよう！

次の計算をしましょう。

(1) $132 \div 11 + 3 \times 6$

計算の順に①から番号をつけます。

$\underset{①}{132 \div 11} + \underset{③}{} \underset{②}{3 \times 6}$

$132 \div 11 + 3 \times 6$　← $132 \div 11$ を計算
$= 12 + 3 \times 6$　← $3 \times 6$を計算
$= 12 + 18$
$= 30$

答え　30

(2) $(17 + 19) \div (30 - 7 \times 4)$

計算の順に①から番号をつけます。

$\underset{①}{(17 + 19)} \div \underset{④}{} (\underset{③}{30 -} \underset{②}{7 \times 4})$

$(17+19) \div (30-7\times4)$　← $17+19$ を計算
$= 36 \div (30-7\times4)$　← $7 \times 4$を計算
$= 36 \div (30-28)$　← $30-28$を計算
$= 36 \div 2$
$= 18$

答え　18

## 🐔 チャレンジしてみよう！

次の計算をしましょう。

$\{2 + 95 \div (20 - 15)\} \div (1 + 6)$

計算の順に①から番号をつけます。

$\underset{③}{\{2 +} \underset{②}{95 \div} (\underset{①}{20 - 15})\} \div \underset{④}{(1 + 6)}$

$\{2 + 95 \div (20 - 15)\} \div (1 + 6)$　← $20-15$を計算
$= (2 + 95 \div 5) \div (1 + 6)$　← $95 \div 5$を計算
$= (2 + 19) \div (1 + 6)$　← $2+19$を計算
$= 21 \div (1 + 6)$　← $1+6$を計算
$= 21 \div 7$
$= 3$

答え　3

---

# 整数の計算
# まとめテスト

本文18〜19ページ

※何度も復習したい方は、直接書き込まずノートを使うとよいでしょう。

**1** さくらんぼの中に数を書いて、答えを求めましょう。
[各5点、計30点]

(1) $7+4=11$
　③　①

(2) $23+9=32$
　⑦　②

(3) $36+85=121$
　④　81

(4) $16-9=7$
　⑥　③

(5) $51-6=45$
　①　⑤

(6) $292-8=284$
　②　⑥

**2** 次の計算をしましょう。
[各5点、計30点]

(1)
```
    1
    6 8
 +  3 5
  1 0 3
```

(2)
```
   1 1
    2 7
 + 1 9 6
   2 2 3
```

(3)
```
   1 1
   7 0 7
 + 3 9 3
 1 1 0 0
```

(4)
```
    8
    9 6
 -  1 8
    7 8
```

(5)
```
    1 9
    2 0 3
 -    9 5
    1 0 8
```

(6)
```
    4 1
    5 2 1
 -  2 6 2
    2 5 9
```

**3** 次の計算をしましょう。
[各5点、計15点]

(1)
```
    2 6
 ×   8
  2 0 8
```

(2)
```
    6 5
 ×  7 4
  2 6 0
  4 5 5
  4 8 1 0
```

(3)
```
    8 5 8
 ×    9 3
  2 5 7 4
  7 7 2 2
  7 9 7 9 4
```

**4** 次の計算をしましょう。あまりが出るときは、あまりも出しましょう。
[各5点、計15点]

(1)
```
      2 4
  7 ) 1 7 0
      1 4
      3 0
      2 8
        2
```
答え　24あまり2

(2)
```
      2 4
 37 ) 8 8 8
      7 4
      1 4 8
      1 4 8
          0
```
答え　24

(3)
```
        6 9
 43 ) 3 0 0 8
      2 5 8
        4 2 8
        3 8 7
          4 1
```
答え　69あまり41

**5** 次の計算をしましょう。
[各5点、計10点]

(1) $\underset{③}{17-} \underset{②}{300 \div} \underset{①}{(5 \times 5)}$　← 計算順

　　$17-300 \div (5 \times 5)$
　$= 17-300 \div 25$
　$= 17-12$
　$= 5$

答え　5

(2) $\underset{④}{60 \div} \underset{②}{(10-} \underset{①}{49 \div 7} \underset{③}{+1)}$　← 計算順

　　$60 \div (10-49 \div 7+1)$
　$= 60 \div (10-7+1)$
　$= 60 \div (3+1)$
　$= 60 \div 4$
　$= 15$

答え　15

## PART 2 ‹1 小数とは

本文21ページ

### 🐣 解いてみよう！

次の□にあてはまる数を答えましょう。

（1）7.98は、1を $\boxed{7}$ こ、0.1を $\boxed{9}$ こ、0.01を $\boxed{8}$ こ合わせた数です。

7.98は、0.01を $\boxed{798}$ こ合わせた数です。

（2）1を4こ、0.1を6こ、0.01を1こ合わせた数は $\boxed{4.61}$ です。

（3）1を15こ、0.1を9こ、0.001を3こ合わせた数は $\boxed{15.903}$ です。

（4）2.01は、0.01を $\boxed{201}$ こ合わせた数です。

### 🐔 チャレンジしてみよう！

次の数を小さい順に並べましょう（記号で答えてください）。

㋐0.001　㋑0.08　㋒0　㋓0.9　㋔0.1　㋕0.99

・㋒の0が一番小さい。

・小数第一位、第二位ともに0の㋐がその次に小さい。

・小数第一位が0の㋑がその次に小さい。

・小数第一位が1の㋔がその次に小さい。

・㋓の0.9（＝0.90）は、㋕の0.99より小さい。

答え　㋒、㋐、㋑、㋔、㋓、㋕

## PART 2 ‹2 小数のたし算と引き算

本文23ページ

### 🐣 解いてみよう！

次の計算をしましょう。

（1）8.8＋1.6

【筆算】
```
    8.8
  + 1.6
  10.4
```
答え　10.4

（2）10.471＋3.5

【筆算】
```
  10.471
  + 3.5
  13.971
```
答え　13.971

（3）0.27＋1.93

【筆算】
```
   0.27
 + 1.93
   2.2̸0̸  ← 0を消す
```
答え　2.2

（4）5.1－2.4

【筆算】
```
   5.1
 - 2.4
   2.7
```
答え　2.7

（5）9.05－8.35

【筆算】
```
   9.05
 - 8.35
   0.7̸0̸
```
0をつける／0を消す
答え　0.7

（6）3－0.77

【筆算】
```
  3.00  ← 0をつける
- 0.77
  2.23
```
答え　2.23

### 🐔 チャレンジしてみよう！

はじめ、水とうに0.45Lのお茶が入っていました。そして、この水とうに、さらに0.76Lのお茶を入れました。その後、この水とうから0.31Lのお茶を出すと、水とうには何Lのお茶が残りますか。

【式】
0.45＋0.76＝1.21
1.21－0.31＝0.9

【筆算】
```
  0.45      1.21
+ 0.76    - 0.31
  1.21      0.9̸0̸
```
答え　0.9L

## PART 2 ‹3 小数のかけ算

本文25ページ

### 🐣 解いてみよう！

次の計算をしましょう。

（1）35×7.9

【筆算】
```
     3 5
  ×  7.9
   3 1 5
 2 4 5
 2 7 6.5
```
答え　276.5

（2）2.3×4.8

【筆算】
```
   2.3  1ケタ
 × 4.8  1ケタ
   1 8 4
 9 2
 1 1.0̸4  2ケタ
```
たす
答え　11.04

（3）9.05×9.6

【筆算】
```
   9.05  2ケタ
 ×  9.6  1ケタ
   5 4 3 0
 8 1 4 5
 8 6.8̸8̸0̸  3ケタ
```
たす
答え　86.88

### 🐔 チャレンジしてみよう！

2種類のおもりA、Bがあり、Aの1つの重さは3.9kgでBの1つの重さは5.2kgです。Aが12こ、Bが27こあるとき、全体の重さは何kgですか。

【式】
3.9×12＝46.8（kg）

…A12この重さ

5.2×27＝140.4（kg）

…B27この重さ

46.8＋140.4＝187.2（kg）

…全体の重さ

【筆算】
```
   3.9      5.2       46.8
 × 1 2    × 2 7    +140.4
   7 8      3 6 4     187.2
 3 9      1 0 4
 4 6.8    1 4 0.4
```
答え　187.2kg

## PART 2 ‹4 小数の割り算

本文27ページ

### 🐣 解いてみよう！

次の式を割り切れるまで計算しましょう。

（1）28.17÷9

【筆算】
```
      3.13
  9)2 8.1 7
    2 7
      1 1
        9
        2 7
        2 7
         0
```
答え　3.13

（2）6÷1.6

【筆算】
```
       3.75
  1.6)6.0̸0̸0̸
      4 8
      1 2 0
      1 1 2
         8 0
         8 0
          0
```
答え　3.75

（3）73.548÷9.08

【筆算】
```
        8.1
  9.08)7 3.5̸4̸8̸
       7 2 6 4
         9 0 8
         9 0 8
           0
```
答え　8.1

### 🐔 チャレンジしてみよう！

次の長方形で□にあてはまる小数を答えましょう。

※長方形の面積については、64ページで確認しましょう。

面積 56.58 cㅁ　□cm　8.2 cm

【式】
56.58 ÷ 8.2 ＝ 6.9

長方形の面積 ÷ 横 ＝ たて

【筆算】
```
          6.9
  8.2)5 6.5̸8̸
      4 9 2
        7 3 8
        7 3 8
          0
```
答え　6.9

## 🐣 解いてみよう！

次の計算について、商を小数第一位まで求めて、あまりも出しましょう。

(1) 71.7÷9

(2) 5÷2.6

(3) 88.04÷3.9

答え　7.9あまり0.6　　答え　1.9あまり0.06　　答え　22.5あまり0.29

## 🐔 チャレンジしてみよう！

「6.3÷7.22」の計算について、商を小数第一位まで求めて、あまりも出しましょう。

[筆算]
```
        0.8
7.22)6.3 0 0
     5 7 6
     0 5 2 4
```

答え　0.8あまり0.524

---

## 🐣 解いてみよう！

オリを使って、次の数の約数をすべて書き出しましょう。ただし、オリは全部うまるとは限りません。

(1) 20

| 1 | 2 | 4 |
|---|---|---|
| 20 | 10 | 5 |

答え　1、2、4、5、10、20

(2) 24

| 1 | 2 | 3 | 4 |
|---|---|---|---|
| 24 | 12 | 8 | 6 |

答え　1、2、3、4、6、8、12、24

(3) 81  9×9＝81なので9は1つ書くだけでOK

| 1 | 3 | 9 |
|---|---|---|
| 81 | 27 | |

答え　1、3、9、27、81

(4) 60

| 1 | 2 | 3 | 4 | 5 | 6 |
|---|---|---|---|---|---|
| 60 | 30 | 20 | 15 | 12 | 10 |

答え　1、2、3、4、5、6、10、12、15、20、30、60

## 🐔 チャレンジしてみよう！

111の約数は全部で4こあります。その4こをすべて答えましょう。

まず、「1×111＝111」なので、1と111を、オリの上下に書きます。
次に、111を小さい整数から順に割っていくと、2では割れません。

| 1 | 3 |
|---|---|
| 111 | 37 |

←111を3で割ると、「111÷3＝37」と割り切れます。
つまり、「3×37＝111」なので、
3と37をオリの上下に書きます。

答え　1、3、37、111

---

# 小数の計算
# まとめテスト
本文30～31ページ

※何度も復習したい方は、直接書き込まずノートを使うとよいでしょう。

### 1 次の□にあてはまる数を答えましょう。
[各6点、計18点／(1)は□すべて正解で6点]

(1) 6.19は1を 6 こ、0.1を 1 こ、0.01を 9 こ合わせた数です。

(2) 1を7こ、0.01を8こ合わせた数は 7.08 です。

(3) 0.325は0.001を 325 こ合わせた数です。

### 2 次のたし算と引き算を計算しましょう。
[各6点、計18点]

(1) 49.5+0.71

[筆算]
```
   4 9.5
+  0.7 1
  5 0.2 1
```

(2) 2.39−1.79

[筆算]
```
  2.3 9
− 1.7 9
  0.6 0 ← 0を消す
```

(3) 3.3−0.648

```
        0をつける
  3.3 0 0
− 0.6 4 8
  2.6 5 2
```

答え　50.21　　答え　0.6　　答え　2.652

### 3 次のかけ算を計算しましょう。
[各6点、計18点]

(1) 8.2×96

[筆算]
```
     8.2
×     9 6
     4 9 2
   7 3 8
   7 8 7.2
```

(2) 6.4×3.5

[筆算]
```
    6.4 1ケタ
×   3.5 1ケタ
    3 2 0
  1 9 2      たす
  2 2.4 0 2ケタ
```

(3) 2.9×5.37

[筆算]
```
      2.9 1ケタ
×   5.3 7 2ケタ
    2 0 3
  8 7         たす
1 4 5
1 5.5 7 3 3ケタ
```

答え　787.2　　答え　22.4　　答え　15.573

### 4 次の割り算を割り切れるまで計算しましょう。
[各6点、計18点]

(1) 28.2÷5

[筆算]
```
      5.6 4
5)2 8.2 0
  2 5
    3 2
    3 0
      2 0
      2 0
        0
```

(2) 37÷0.8

[筆算]
```
        4 6.2 5
0.8)3 7.0 0 0
    3 2
      5 0
      4 8
        2 0
        1 6
          4 0
          4 0
            0
```

(3) 48.732÷5.24

[筆算]
```
          9.3
5.24)4 8.7 3 2
     4 7 1 6
       1 5 7 2
       1 5 7 2
             0
```

答え　5.64　　答え　46.25　　答え　9.3

### 5 次の割り算について、商を小数第一位まで求めて、あまりも出しましょう。
[各6点、計18点]

(1) 67.6÷38

[筆算]
```
      1.7
38)6 7.6
   3 8
   2 9 6
   2 6 6
     3 0 ← 0を消す
```

(2) 8.3÷1.9

[筆算]
```
      4.3
1.9)8 3.0
    7 6
      7 0
      5 7
      0 1 3
```

(3) 2÷0.53

[筆算]
```
        3.7
0.53)2 0 0.0
     1 5 9
       4 1 0
       3 7 1
       0 3 9
```

答え　1.7あまり3　　答え　4.3あまり0.13　　答え　3.7あまり0.039

### 6 下の図形は長方形を2つ組み合わせた形で、全体の面積は22.52㎠です。このとき、□にあてはまる数を答えましょう。
※長方形の面積については、64ページで確認しましょう。

[10点]

[式]
長方形CDEFの面積は、3.5×5.2＝18.2（㎠）
長方形ABFGの面積は、
22.52−18.2＝4.32（㎠）
ABの長さは、4.7−3.5＝1.2（㎝）
□（AGの長さ）は、4.32÷1.2＝3.6

答え　3.6

## 🐣 解いてみよう！

次のそれぞれの数の公約数をすべて書き出しましょう。また、最大公約数を求めましょう。

(1) 32、48

32の約数は
①、②、④、⑧、⑯、32
48の約数は
①、②、3、④、6、⑧、
12、⑯、24、48

公約数… 1、2、4、8、16

**答え** 最大公約数… 16

(2) 30、45、105

30の約数は
①、2、③、⑤、6、10、⑮、30
45の約数は
①、③、⑤、9、⑮、45
105の約数は
①、③、⑤、7、⑮、21、35、105

公約数… 1、3、5、15

**答え** 最大公約数… 15

## 🐔 チャレンジしてみよう！

青のおり紙が56枚、黄のおり紙が64枚あります。この青と黄のおり紙を、あまりが出ないようにそれぞれ同じ枚数ずつ、何人かの子どもに分けます。できるだけ多くの子どもに分けるとき、何人に分けられますか。

「56÷(子どもの人数)＝整数」、「64÷(子どもの人数)＝整数」なので、
子どもの人数は、56の約数でもあり、64の約数でもあります。
つまり、子どもの人数は56と64の公約数になります。
しかもできるだけ多くの子どもに分けるので、
56と64の最大公約数の8 (人) が答えになります。　**答え**　8人

## 🐣 解いてみよう！

1　19の倍数を小さい順に5つ答えましょう。

19　、　38　、　57　、　76　、　95
↑　　　↑　　　↑　　　↑　　　↑
19×1　19×2　19×3　19×4　19×5

**答え**　19、38、57、76、95

2　次の数の中で、23の倍数はどれですか。すべて答えましょう。

253、78、92、621、351、855

253÷23＝11　　　78÷23＝3あまり9　　　92÷23＝4
621÷23＝27　　　351÷23＝15あまり6　　855÷23＝37あまり4

(23で割り切れた数が、23の倍数です)　**答え**　253、92、621

## 🐔 チャレンジしてみよう！

下2ケタの数が00か4の倍数のとき、その数は4の倍数になります。この性質を使って、次の数の中から4の倍数をすべて答えましょう。
2024、818、5200、376、1998

5つの数の中で、下2ケタが00か4の倍数になっているのは、
2024、5200、376

**答え**　2024、5200、376

## 🐣 解いてみよう！

次のそれぞれの数の公倍数を小さい順に3つ答えましょう。また、最小公倍数を求めましょう。

(1) 8、12

8の倍数　→　8、16、24、32、40、48、56、64、72…
12の倍数→　12、24、36、48、60、72…

**答え**　公倍数… 24、48、72　　最小公倍数… 24

(2) 10、15、30

10の倍数→10、20、30、40、50、60、70、80、90…
15の倍数→　15、30、45、60、75、90…
30の倍数→　30、60、90…

**答え**　公倍数… 30、60、90　　最小公倍数… 30

## 🐔 チャレンジしてみよう！

ある駅から、普通列車が10分ごとに、急行列車が16分ごとに発車しています。午後2時に普通列車と急行列車が同時に発車しました。次に、普通列車と急行列車が同時に発車するのは、午後何時何分ですか。

普通列車は10 (分) の倍数ごと、
急行列車は16 (分) の倍数ごとに発車します。
だから、午後2時の次に同時に発車するのは、
10と16の最小公倍数の80分 (＝1時間20分) たったあとです。
午後2時＋1時間20分＝午後3時20分　**答え**　午後3時20分

## 🐣 解いてみよう！

次の6つの数について、後の問いに答えましょう。

0、1、2、3、4、5

(1) この中で偶数はどれですか。すべて答えましょう。

2、4は、それぞれ2で割り切れるので偶数です。
0も偶数です。　**答え**　0、2、4

(2) この中で奇数はどれですか。すべて答えましょう。

1、3、5は、それぞれ2で割り切れないので奇数です。
**答え**　1、3、5

## 🐔 チャレンジしてみよう！

次の□に入る数は偶数、奇数どちらか答えましょう。ただし、計算して□に入る数を求める必要はありません。

(1) 94＋158＝□
「偶数＋偶数＝偶数」なので、□には偶数が入ります。　**答え**　偶数

(2) 65＋□＝316
「奇数＋偶数＝偶数」なので、□には奇数が入ります。　**答え**　奇数

(3) □－205＝531
「偶数－奇数＝奇数」なので、□には偶数が入ります。　**答え**　偶数

# 約数と倍数
# まとめテスト

本文42〜43ページ

※何度も復習したい方は、直接書き込まずノートを使うとよいでしょう。

**1** 次の数の約数をすべて書き出しましょう（オリは全部うまるとは限りません）。
〔各8点、計16点〕

(1) 35

| 1 | 5 |
|---|---|
| 35 | 7 |

答え　1、5、7、35

(2) 56

| 1 | 2 | 4 | 7 |
|---|---|---|---|
| 56 | 28 | 14 | 8 |

答え　1、2、4、7、8、14、28、56

**2** 次のそれぞれの数の公約数をすべて書き出しましょう。
また、最大公約数を求めてください。
〔(1) 4×2=8点、(2) 4×2=8点、計16点〕

(1) 20、16

20の約数は
①、②、④、5、10、20
16の約数は
①、②、④、8、16

公約数…　1、2、4
答え　最大公約数…　4

(2) 81、45、63

81の約数は①、③、⑨、27、81
45の約数は①、③、5、⑨、15、45
63の約数は①、③、7、⑨、21、63

公約数…　1、3、9
答え　最大公約数…　9

**3** 29の倍数を小さい順に3つ答えましょう。
〔すべて正解で10点〕

| 29、 | 58、 | 87 |
|---|---|---|
| 29×1 | 29×2 | 29×3 |

答え　29、58、87

**4** 次の数の中で、17の倍数はどれですか。すべて答えましょう。
〔すべて正解で10点〕

89、221、339、51、255

89÷17＝5あまり4　　221÷17＝13
339÷17＝19あまり16
51÷17＝3　　　　　　255÷17＝15

答え　221、51、255

**5** 次のそれぞれの数の公倍数を小さい順に2つ答えましょう。また、最小公倍数を求めてください。
〔(1) 4×2=8点、(2) 4×2=8点、計16点〕

(1) 16、24

16の倍数→16、32、48、64、80、96…
24の倍数→　24、48、　72、96…

公倍数…　48、96
答え　最小公倍数…　48

(2) 3、4、6

3の倍数→3、6、9、12、15、18、21、24…
4の倍数→　4、8、12、　16、20、24…
6の倍数→　6、12、　18、　24…

公倍数…　12、24
答え　最小公倍数…　12

**6** 次の問いに答えましょう。
〔各8点、計16点〕

(1) 次の7つの数の中で、偶数はどれですか。すべて答えましょう。

37、6、0、57、2、24、1

6、2、24は、それぞれ2で割り切れるので偶数です。
0も偶数です。

答え　6、2、24、0

(2) 「116＋□＝1501」の□に入る数は偶数、奇数どちらか答えましょう。ただし、計算して□に入る数を求める必要はありません。

「偶数＋奇数＝奇数」なので、□には奇数が入ります。

答え　奇数

**7** 次の問いに答えましょう。
〔各8点、計16点〕

(1) 50を割り切ることのできる整数をすべて書き出しましょう。

| 1 | 2 | 5 |
|---|---|---|
| 50 | 25 | 10 |

「50を割り切ることのできる整数」とは「50の約数」のことです。

答え　1、2、5、10、25、50

(2) 50で割り切れる整数を小さい順に3つ答えましょう。

「50で割り切れる整数」とは「50の倍数」のことです。
50×1＝50、50×2＝100、50×3＝150
※「50を割る」と「50で割る」の違いに気をつけましょう。
50を割る → 50÷□　　50で割る → □÷50

答え　50、100、150

---

## PART 4 ① 分数とは

本文45ページ

### 🐣 解いてみよう！

(1) と (2) の仮分数を、帯分数か整数に直しましょう。また、(3) と (4) の帯分数を、仮分数に直しましょう。

(1) $\frac{23}{5}$

23÷5＝4あまり3
だから$\frac{23}{5}$＝$4\frac{3}{5}$

答え　$4\frac{3}{5}$

(2) $\frac{21}{7}$

21÷7＝3
だから$\frac{21}{7}$＝3

答え　3

(3) $2\frac{5}{6}$

$2\frac{5}{6}$＝$\frac{2×6+5}{6}$
　＝$\frac{17}{6}$

答え　$\frac{17}{6}$

(4) $19\frac{1}{4}$

$19\frac{1}{4}$＝$\frac{19×4+1}{4}$
　＝$\frac{77}{4}$

答え　$\frac{77}{4}$

### 🐓 チャレンジしてみよう！

3つの数$5\frac{1}{6}$、$\frac{29}{6}$、5を小さい順に並べましょう。

「$5\frac{1}{6}$＝$5+\frac{1}{6}$」なので、$5\frac{1}{6}$は、5より大きい。

$\frac{29}{6}$＝$4\frac{5}{6}$なので、5より小さい。

答え　$\frac{29}{6}$、5、$5\frac{1}{6}$

---

## PART 4 ② 約分と通分

本文47ページ

### 🐣 解いてみよう！

**1** 次の分数を約分しましょう。

(1) $\frac{12}{16}$

$\frac{12}{16}$＝$\frac{12÷4}{16÷4}$＝$\frac{3}{4}$

答え　$\frac{3}{4}$

(2) $\frac{35}{84}$

$\frac{35}{84}$＝$\frac{35÷7}{84÷7}$＝$\frac{5}{12}$

答え　$\frac{5}{12}$

(3) $\frac{62}{93}$

$\frac{62}{93}$＝$\frac{62÷31}{93÷31}$＝$\frac{2}{3}$

答え　$\frac{2}{3}$

**2** 次の分数を通分しましょう。

(1) $\frac{11}{12}$、$\frac{15}{16}$

$\frac{11}{12}$＝$\frac{11×4}{12×4}$＝$\frac{44}{48}$

$\frac{15}{16}$＝$\frac{15×3}{16×3}$＝$\frac{45}{48}$

答え　$\frac{44}{48}$、$\frac{45}{48}$

(2) $\frac{1}{6}$、$\frac{2}{9}$、$\frac{4}{15}$

$\frac{1}{6}$＝$\frac{1×15}{6×15}$＝$\frac{15}{90}$　　$\frac{2}{9}$＝$\frac{2×10}{9×10}$＝$\frac{20}{90}$

$\frac{4}{15}$＝$\frac{4×6}{15×6}$＝$\frac{24}{90}$

答え　$\frac{15}{90}$、$\frac{20}{90}$、$\frac{24}{90}$

### 🐓 チャレンジしてみよう！

4つの分数$\frac{8}{15}$、$\frac{9}{20}$、$\frac{62}{120}$、$\frac{7}{12}$を小さい順に並べましょう。

$\frac{62}{120}$を約分すると、$\frac{31}{60}$となります。

残りの3つの分数の分母を60にそろえて通分すると、

$\frac{8}{15}$＝$\frac{32}{60}$、$\frac{9}{20}$＝$\frac{27}{60}$、$\frac{7}{12}$＝$\frac{35}{60}$となります。

分母が60にそろったので、分子の大きさで、大小を比べられます。

答え　$\frac{9}{20}$、$\frac{62}{120}$、$\frac{8}{15}$、$\frac{7}{12}$

## 解いてみよう！

1 次の分数を小数に直しましょう。

(1) $\dfrac{9}{10}$
$=9\div 10=0.9$

答え　0.9

(2) $10\dfrac{9}{20}$
$=10+\dfrac{9}{20}=10+9\div 20=10+0.45=10.45$

答え　10.45

2 次の小数を分数に直しましょう。

(1) 0.4
$=\dfrac{4}{10}=\dfrac{2}{5}$

答え　$\dfrac{2}{5}$

(2) 2.875
$=2+0.875=2+\dfrac{875}{1000}=2+\dfrac{7}{8}=2\dfrac{7}{8}$

答え　$2\dfrac{7}{8}$

## チャレンジしてみよう！

4つの数 $\dfrac{19}{50}$、$\dfrac{3}{8}$、$\dfrac{17}{40}$、0.37を小さい順に並べましょう。

分数を小数に直して、大きさを比べましょう。

$\dfrac{19}{50}=19\div 50=0.38$　$\dfrac{3}{8}=3\div 8=0.375$　$\dfrac{17}{40}=17\div 40=0.425$

答え　$0.37、\dfrac{3}{8}、\dfrac{19}{50}、\dfrac{17}{40}$

---

## 解いてみよう！

1 次の分数をくり上げましょう。

(1) $2\dfrac{5}{3}$
$=2+\dfrac{5}{3}$
$=2+1\dfrac{2}{3}$ 〔2と1をたす〕
$=3\dfrac{2}{3}$

(2) $8\dfrac{11}{6}$
$=8+\dfrac{11}{6}$
$=8+1\dfrac{5}{6}$ 〔8と1をたす〕
$=9\dfrac{5}{6}$

(3) $15\dfrac{31}{24}$
$=15+\dfrac{31}{24}$
$=15+1\dfrac{7}{24}$ 〔15と1をたす〕
$=16\dfrac{7}{24}$

2 次の分数をくり下げましょう。

(1) $3\dfrac{3}{4}$ 〔3を2+1にする〕
$=2+1\dfrac{3}{4}$
$=2+\dfrac{7}{4}$
$=2\dfrac{7}{4}$

(2) $6\dfrac{1}{9}$ 〔6を5+1にする〕
$=5+1\dfrac{1}{9}$
$=5+\dfrac{10}{9}$
$=5\dfrac{10}{9}$

(3) $21\dfrac{15}{17}$ 〔21を20+1にする〕
$=20+1\dfrac{15}{17}$
$=20+\dfrac{32}{17}$
$=20\dfrac{32}{17}$

## チャレンジしてみよう！

次の問いに答えましょう。

(1) $18\dfrac{23}{20}$ をくり上げましょう。

$18\dfrac{23}{20}=18+\dfrac{23}{20}=18+1\dfrac{3}{20}=19\dfrac{3}{20}$

(2) (1) の答えで求めた分数をくり下げると、$18\dfrac{23}{20}$ になることをたしかめましょう。

$19\dfrac{3}{20}=18+1\dfrac{3}{20}=18+\dfrac{23}{20}=18\dfrac{23}{20}$

---

## 解いてみよう！

次の計算をしましょう。

(1) $\dfrac{9}{11}+\dfrac{5}{11}$
$=\dfrac{14}{11}$
$=1\dfrac{3}{11}$

(2) $2\dfrac{5}{6}+3\dfrac{5}{6}$
$=5\dfrac{10}{6}$ 〔帯分数のくり上げ〕
$=6\dfrac{4}{6}$
$=6\dfrac{2}{3}$ 〔約分〕

(3) $4\dfrac{3}{10}+3\dfrac{7}{10}$
$=7\dfrac{10}{10}$ 〔$\dfrac{10}{10}=1$〕
$=7+1$
$=8$

(4) $\dfrac{5}{8}-\dfrac{1}{8}$
$=\dfrac{4}{8}$ 〔約分〕
$=\dfrac{1}{2}$

(5) $5\dfrac{1}{12}-\dfrac{5}{12}$ 〔帯分数のくり下げ〕
$=4\dfrac{13}{12}-\dfrac{5}{12}$
$=4\dfrac{8}{12}$ 〔約分〕
$=4\dfrac{2}{3}$

(6) $10\dfrac{11}{30}-8\dfrac{17}{30}$ 〔帯分数のくり下げ〕
$=9\dfrac{41}{30}-8\dfrac{17}{30}$
$=1\dfrac{24}{30}$ 〔約分〕
$=1\dfrac{4}{5}$

## チャレンジしてみよう！

次の計算をしましょう。

$5\dfrac{1}{27}+3\dfrac{4}{27}-2\dfrac{26}{27}=8\dfrac{5}{27}-2\dfrac{26}{27}=7\dfrac{32}{27}-2\dfrac{26}{27}=5\dfrac{6}{27}=5\dfrac{2}{9}$

〔$5\dfrac{1}{27}+3\dfrac{4}{27}$ を計算〕　〔帯分数のくり下げ〕　〔約分〕

---

## 解いてみよう！

次の計算をしましょう。

(1) $\dfrac{2}{3}+\dfrac{1}{2}$ 〔通分〕
$=\dfrac{4}{6}+\dfrac{3}{6}$
$=\dfrac{7}{6}$
$=1\dfrac{1}{6}$

(2) $2\dfrac{11}{16}+3\dfrac{3}{4}$ 〔通分〕
$=2\dfrac{11}{16}+3\dfrac{12}{16}$
$=5\dfrac{23}{16}$ 〔くり上げ〕
$=6\dfrac{7}{16}$

(3) $5\dfrac{37}{40}+3\dfrac{11}{30}$ 〔通分〕
$=5\dfrac{111}{120}+3\dfrac{44}{120}$
$=8\dfrac{155}{120}$ 〔くり上げ〕
$=9\dfrac{35}{120}$ 〔約分〕
$=9\dfrac{7}{24}$

(4) $\dfrac{3}{4}-\dfrac{1}{6}$ 〔通分〕
$=\dfrac{9}{12}-\dfrac{2}{12}$
$=\dfrac{7}{12}$

(5) $3\dfrac{1}{5}-\dfrac{14}{25}$ 〔通分〕
$=3\dfrac{5}{25}-\dfrac{14}{25}$ 〔くり下げ〕
$=2\dfrac{30}{25}-\dfrac{14}{25}$
$=2\dfrac{16}{25}$

(6) $7\dfrac{1}{10}-2\dfrac{4}{15}$ 〔通分〕
$=7\dfrac{3}{30}-2\dfrac{8}{30}$ 〔くり下げ〕
$=6\dfrac{33}{30}-2\dfrac{8}{30}$
$=4\dfrac{25}{30}$ 〔約分〕
$=4\dfrac{5}{6}$

## チャレンジしてみよう！

$2\dfrac{1}{3}$ Lのジュースがありましたが、そのうち0.7Lを飲みました。ジュースは何L残っていますか。

$2\dfrac{1}{3}-0.7=2\dfrac{1}{3}-\dfrac{7}{10}=2\dfrac{10}{30}-\dfrac{21}{30}=1\dfrac{40}{30}-\dfrac{21}{30}=1\dfrac{19}{30}$(L)

〔0.7を分数に直す〕　〔通分〕　〔帯分数のくり下げ〕

答え　$1\dfrac{19}{30}$ L

## 🐣 解いてみよう！

次の計算をしましょう。

(1) $\frac{1}{3} \times \frac{5}{6}$
$= \frac{1 \times 5}{3 \times 6}$
$= \frac{5}{18}$

(2) $\frac{5}{8} \times 3$
$= \frac{5}{8} \times \frac{3}{1}$ 〔3を$\frac{3}{1}$にする〕
$= \frac{5 \times 3}{8 \times 1}$
$= \frac{15}{8} = 1\frac{7}{8}$

(3) $3\frac{1}{2} \times 2\frac{5}{9}$ 〔仮分数に直す〕
$= \frac{7}{2} \times \frac{23}{9}$
$= \frac{7 \times 23}{2 \times 9}$
$= \frac{161}{18} = 8\frac{17}{18}$

(4) $\frac{9}{25} \times \frac{5}{12}$
$= \frac{\overset{3}{\cancel{9}} \times \overset{1}{\cancel{5}}}{\underset{5}{\cancel{25}} \times \underset{4}{\cancel{12}}}$ 〔かける前に約分〕
$= \frac{3}{20}$

(5) $20 \times \frac{7}{30}$
$= \frac{20}{1} \times \frac{7}{30}$ 〔20を$\frac{20}{1}$にする〕
$= \frac{\overset{2}{\cancel{20}} \times 7}{1 \times \underset{3}{\cancel{30}}}$ 〔かける前に約分〕
$= \frac{14}{3} = 4\frac{2}{3}$

(6) $1\frac{2}{9} \times 1\frac{5}{22}$ 〔仮分数に直す〕
$= \frac{11}{9} \times \frac{27}{22}$
$= \frac{\overset{1}{\cancel{11}} \times \overset{3}{\cancel{27}}}{\underset{1}{\cancel{9}} \times \underset{2}{\cancel{22}}}$ 〔かける前に約分〕
$= \frac{3}{2} = 1\frac{1}{2}$

## 🐓 チャレンジしてみよう！

次の計算をしましょう。

$2\frac{5}{6} \times \frac{9}{34} \times 1\frac{7}{9} = \frac{17}{6} \times \frac{9}{34} \times \frac{16}{9} = \frac{\overset{1}{\cancel{17}} \times \overset{1}{\cancel{9}} \times \overset{4}{\cancel{16}}}{\underset{6}{\cancel{6}} \times \underset{2}{\cancel{34}} \times \underset{1}{\cancel{9}}} = \frac{4}{3} = 1\frac{1}{3}$
〔かける前に約分〕

---

## 🐣 解いてみよう！

次の計算をしましょう。

(1) $\frac{2}{9} \div \frac{3}{5}$ 〔割る数の逆数をかける〕
$= \frac{2}{9} \times \frac{5}{3}$
$= \frac{10}{27}$

(2) $\frac{3}{10} \div 9$ 〔9を$\frac{9}{1}$にする〕
$= \frac{3}{10} \div \frac{9}{1}$ 〔割る数の逆数をかける〕
$= \frac{3}{10} \times \frac{1}{9}$
$= \frac{\overset{1}{\cancel{3}} \times 1}{10 \times \underset{3}{\cancel{9}}}$ 〔かける前に約分〕
$= \frac{1}{30}$

(3) $1\frac{17}{18} \div 5\frac{1}{9}$ 〔仮分数に直す〕
$= \frac{35}{18} \div \frac{14}{9}$ 〔割る数の逆数をかける〕
$= \frac{35}{18} \times \frac{9}{14}$
$= \frac{\overset{5}{\cancel{35}} \times \overset{1}{\cancel{9}}}{\underset{2}{\cancel{18}} \times \underset{2}{\cancel{14}}}$ 〔かける前に約分〕
$= \frac{5}{4} = 1\frac{1}{4}$

## 🐓 チャレンジしてみよう！

次の計算をしましょう。

$2\frac{2}{3} \times 1\frac{11}{16} \div 2\frac{1}{4} = \frac{8}{3} \times \frac{27}{16} \div \frac{9}{4} = \frac{8}{3} \times \frac{27}{16} \times \frac{4}{9} = \frac{\overset{1}{\cancel{8}} \times \overset{1}{\cancel{27}} \times \overset{1}{\cancel{4}}}{\underset{1}{\cancel{3}} \times \underset{1}{\cancel{16}} \times \underset{1}{\cancel{9}}} = \frac{2}{1} = 2$
〔仮分数に直す〕　〔割る数の逆数をかける〕　〔かける前に約分〕

---

**PART 4**

# 分数の計算
# まとめテスト

本文60〜61ページ

※何度も復習したい方は、直接書き込まずノートを使うとよいでしょう。

**1** (1)と(2)の仮分数を、帯分数か整数に直しましょう。
また、(3)の帯分数を仮分数に直しましょう。
[各4点、計12点]

(1) $\frac{35}{4}$
$35 \div 4 = 8$ あまり $3$
だから $\frac{35}{4} = 8\frac{3}{4}$
**答え** $8\frac{3}{4}$

(2) $\frac{27}{9}$
$27 \div 9 = 3$
だから $\frac{27}{9} = 3$
**答え** $3$

(3) $5\frac{3}{10}$
$5\frac{3}{10} = \frac{5 \times 10 + 3}{10}$
$= \frac{53}{10}$
**答え** $\frac{53}{10}$

**2** (1)と(2)の分数を約分し、(3)の分数を通分しましょう。
[(1)(2)…各4点、(3)…5点、計13点]

(1) $\frac{15}{20}$
$\frac{15}{20} = \frac{15 \div 5}{20 \div 5} = \frac{3}{4}$
**答え** $\frac{3}{4}$

(2) $\frac{64}{96}$
$\frac{64}{96} = \frac{64 \div 32}{96 \div 32} = \frac{2}{3}$
**答え** $\frac{2}{3}$

(3) $\frac{5}{16}, \frac{9}{20}$
$\frac{5}{16} = \frac{5 \times 5}{16 \times 5} = \frac{25}{80}$
$\frac{9}{20} = \frac{9 \times 4}{20 \times 4} = \frac{36}{80}$
**答え** $\frac{25}{80}, \frac{36}{80}$

**3** 次の分数は小数に直し、小数は分数に直しましょう。
[各5点、計20点]

(1) $\frac{1}{4}$
$= 1 \div 4$
$= 0.25$
**答え** $0.25$

(2) $1\frac{16}{25}$
$= 1 + \frac{16}{25}$
$= 1 + 16 \div 25$
$= 1 + 0.64$
$= 1.64$
**答え** $1.64$

(3) $0.15$
$= \frac{15}{100}$
$= \frac{3}{20}$
**答え** $\frac{3}{20}$

(4) $3.625$
$= 3 + 0.625$
$= 3 + \frac{625}{1000}$
$= 3 + \frac{5}{8}$
$= 3\frac{5}{8}$
**答え** $3\frac{5}{8}$

**4** 次の計算をしましょう。
[各5点、計45点]

(1) $\frac{3}{5} + \frac{4}{5}$
$= \frac{7}{5}$
$= 1\frac{2}{5}$

(2) $2\frac{1}{6} - \frac{5}{6}$ 〔帯分数のくり下げ〕
$= 1\frac{7}{6} - \frac{5}{6}$
$= 1\frac{2}{6} = 1\frac{1}{3}$ 〔約分〕

(3) $\frac{3}{4} - \frac{2}{3}$ 〔通分〕
$= \frac{9}{12} - \frac{8}{12}$
$= \frac{1}{12}$

(4) $3\frac{1}{10} - \frac{1}{2}$ 〔通分〕
$= 3\frac{1}{10} - \frac{5}{10}$ 〔帯分数のくり下げ〕
$= 2\frac{11}{10} - \frac{5}{10}$
$= 2\frac{6}{10} = 2\frac{3}{5}$ 〔約分〕

(5) $2\frac{31}{35} + 1\frac{3}{14}$ 〔通分〕
$= 2\frac{62}{70} + 1\frac{15}{70}$
$= 3\frac{77}{70}$ 〔帯分数のくり上げ〕
$= 4\frac{7}{70} = 4\frac{1}{10}$ 〔約分〕

(6) $\frac{7}{8} \times \frac{3}{5}$
$= \frac{7 \times 3}{8 \times 5}$
$= \frac{21}{40}$

(7) $1\frac{4}{5} \times 3\frac{8}{9}$
$= \frac{9}{5} \times \frac{35}{9}$
$= \frac{\overset{1}{\cancel{9}} \times \overset{7}{\cancel{35}}}{\underset{1}{\cancel{5}} \times \underset{1}{\cancel{9}}}$ 〔かける前に約分〕
$= \frac{7}{1} = 7$

(8) $6\frac{1}{3} \div \frac{2}{5}$
$= \frac{19}{3} \div \frac{2}{5}$ 〔割る数の逆数をかける〕
$= \frac{19}{3} \times \frac{5}{2}$
$= \frac{95}{6} = 15\frac{5}{6}$

(9) $5\frac{5}{12} \div 3\frac{1}{8}$
$= \frac{65}{12} \div \frac{25}{8}$ 〔割る数の逆数をかけて約分〕
$= \frac{\overset{13}{\cancel{65}} \times \overset{2}{\cancel{8}}}{\underset{3}{\cancel{12}} \times \underset{5}{\cancel{25}}}$
$= \frac{26}{15} = 1\frac{11}{15}$

**5** 計算の順序（16ページ）に気をつけて、次の計算をしましょう。
[10点]

$\frac{3}{5} + 1\frac{2}{15} \div \left( \frac{7}{8} - \frac{2}{3} \times \frac{1}{4} \right)$
④　③　②①　←①〜④の順に計算する

$= \frac{3}{5} + \frac{17}{15} \div \left( \frac{7}{8} - \frac{2 \times 1}{3 \times 4} \right)$ 〔約分〕

$= \frac{3}{5} + \frac{17}{15} \div \left( \frac{7}{8} - \frac{1}{6} \right)$ 〔通分〕

$= \frac{3}{5} + \frac{17}{15} \div \left( \frac{21}{24} - \frac{4}{24} \right)$

$= \frac{3}{5} + \frac{17}{15} \div \frac{17}{24}$ 〔割る数の逆数をかける〕

$= \frac{3}{5} + \frac{17}{15} \times \frac{24}{17}$

$= \frac{3}{5} + \frac{\overset{1}{\cancel{17}} \times \overset{8}{\cancel{24}}}{\underset{5}{\cancel{15}} \times \underset{1}{\cancel{17}}}$ 〔約分〕

$= \frac{3}{5} + \frac{8}{5}$

$= \frac{11}{5} = 2\frac{1}{5}$

## 🐣 解いてみよう！

次の□にあてはまる数を入れましょう。

（1）正方形　　　　（2）平行四辺形　　　　（3）ひし形

 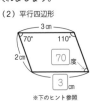 

💡ヒント
（2）平行四辺形には、①「向かい合った辺の長さは等しい」、②「向かい合った角の大きさは等しい」という性質があります。
（3）ひし形には、「対角線が垂直に交わる」という性質があります。また、平行四辺形と同じように、①「向かい合った辺の長さは等しい」、②「向かい合った角の大きさは等しい」という性質もあります。

## 🐔 チャレンジしてみよう！

正方形、長方形、平行四辺形、台形、ひし形のうち、「向かい合った2組の角の大きさが、それぞれ等しい四角形」をすべて答えましょう。

正方形○　長方形○　平行四辺形○　台形×　ひし形○

答え　正方形、長方形、平行四辺形、ひし形

---

## 🐣 解いてみよう！

次の四角形の面積をそれぞれ求めましょう。

（1）正方形　（2）長方形　（3）平行四辺形　（4）台形　（5）ひし形

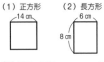   

（1）1辺×1辺
【式】14 × 14 ＝196（c㎡）
答え　196c㎡

（2）たて×横
【式】8 × 6 ＝48（c㎡）
答え　48c㎡

（3）底辺×高さ
【式】2 × 5 ＝10（c㎡）
答え　10c㎡

（4）（上底＋下底）×高さ÷2
【式】（ 4 ＋ 11 ）× 8 ÷2＝60（c㎡）
答え　60c㎡

（5）対角線×対角線÷2
【式】9 × 6 ÷2＝27（c㎡）
答え　27c㎡

## 🐔 チャレンジしてみよう！

次の台形の面積は35c㎡です。このとき、□にあてはまる数を求めましょう。

「台形の面積＝（上底＋下底）×高さ÷2」なので、
（6＋□）×5÷2＝35
（6＋□）×5＝35×2＝70
6＋□＝70÷5＝14
□＝14－6＝8

答え　8

---

## 🐣 解いてみよう！

次の三角形の名前をそれぞれ、□に書きましょう。

（1）　　　　（2）　　　　（3）　　　　（4）

（1）1つの角が直角なので、 直角三角形

（2）2つの辺の長さが等しく、この2つの辺の間の角が直角なので、 直角二等辺三角形

（3）3つの辺の長さが等しいので、 正三角形

（4）2つの辺の長さが等しいので、 二等辺三角形

## 🐔 チャレンジしてみよう！

次の三角形 ABC は、辺 AB と辺 AC の長さが等しい直角二等辺三角形です。このとき、角アの大きさを答えましょう。

三角形 ABC は直角二等辺三角形なので、
角 C の大きさは、45度
三角形 DBC の内角の和は180度なので、
角アの大きさは、180－（23＋45）＝112度
答え　112度

---

## 🐣 解いてみよう！

次の三角形 ABC の面積をそれぞれ求めましょう。

（1）　　　　（2）　　　　（3）

（1）底辺を AB（9cm）とすると、高さは CD（7cm）です。
面積は
9×7÷2＝31.5（c㎡）
答え　31.5c㎡

（2）底辺を BC（12cm）とすると、高さは AC（9cm）です。
面積は
12×9÷2＝54（c㎡）
※ AC を底辺、BC を高さと考えることもできます。
答え　54c㎡

（3）底辺を BC（5cm）とすると、高さは AD（3cm）です。
面積は
5×3÷2＝7.5（c㎡）
答え　7.5c㎡

## 🐔 チャレンジしてみよう！

次の三角形の面積は75c㎡です。このとき、□にあてはまる数を答えましょう。

「三角形の面積＝底辺×高さ÷2」なので
15×□÷2＝75
15×□＝75×2＝150
□＝150÷15＝10
答え　10

## 🐣 解いてみよう！

次の問いに答えましょう。

（1）十角形の内角の和は何度ですか。
「N角形の内角の和＝180×（N−2）」なので、
十角形の内角の和は180×（10−2）＝1440度

**答え** 1440度

（2）次の多角形の内角の和は何度ですか。

この多角形は七角形です。
七角形の内角の和は
180×（7−2）＝900度

**答え** 900度

（3）正九角形の1つの内角の大きさは何度ですか。
九角形の内角の和は、180×（9−2）＝1260度
正九角形の9つの内角の大きさはすべて等しいので、
正九角形の1つの内角の大きさは、1260÷9＝140度

**答え** 140度

## 🐔 チャレンジしてみよう！

次の多角形で、アとイの角の大きさをそれぞれ答えましょう。

直線のつくる角は180度なので、
角アの大きさは、180−55＝125度
この多角形は六角形で、六角形の内角の和は、
180×（6−2）＝720度
だから、角イの大きさは、
720−（115＋110＋150＋100＋125）＝120度

**答え** ア… 125度 イ… 120度

---

## 🐣 解いてみよう！

次の円について、問いに答えましょう。ただし、円周率は3.14とします。

（1）円周の長さは何cmですか。
この円の直径は4×2＝8cmです。
8 × 3.14 ＝25.12（cm）
直径×円周率

**答え** 25.12cm

（2）この円の面積は何cm²ですか。
4 × 4 × 3.14 ＝50.24（cm²）
半径×半径×円周率

**答え** 50.24cm²

## 🐔 チャレンジしてみよう！

円周の長さが43.96cmの円があります。このとき、次の問いに答えましょう。ただし、円周率は3.14とします。

（1）この円の半径は何cmですか。
まず直径を求めます。「直径×円周率＝円周の長さ」なので
直径×3.14＝43.96
直径＝43.96÷3.14＝14（cm）
半径＝14÷2＝7（cm）

**答え** 7cm

（2）この円の面積は何cm²ですか。
7 × 7 × 3.14 ＝153.86（cm²）
半径×半径×円周率

**答え** 153.86cm²

---

## 🐣 解いてみよう！

右の図形は、直線アイを対称の軸とする線対称
な形です。このとき、次の問いに答えましょう。

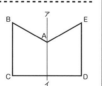

（1）点Bに対応する点はどれですか。
直線アイで折り曲げると、
点Bは点Eに重なります。

**答え** 点E

（2）辺BCに対応する辺はどれですか。
直線アイで折り曲げると、辺BCは辺EDに重なります。
（対応順に書くので、辺DEはまちがい）

**答え** 辺ED

（3）角Cに対応する角はどれですか。
直線アイで折り曲げると、角Cは角Dに重なります。

**答え** 角D

## 🐔 チャレンジしてみよう！

次の図形は正五角形です。正五角形に対称の軸は何本ありますか。

左の図のように、対称の軸は5本あります。
※「正□角形には、対称の軸が□本ある」という
性質があります。
（例えば、正六角形の対称の軸は6本、正七角形の
対称の軸は7本、など）

**答え** 5本

---

## 🐣 解いてみよう！

右の図形は、点Oを対称の中心とする点対称
な形です。このとき、次の問いに答えましょう。

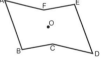

（1）点Fに対応する点はどれですか。
点Oを中心に180度回転させると、
点Fは点Cに重なります。 **答え** 点C

（2）辺ABに対応する辺はどれですか。
点Oを中心に180度回転させると、辺ABは辺DEに重なります。
（対応順に書くので、辺EDはまちがい）

**答え** 辺DE

（3）角Eに対応する角はどれですか。
点Oを中心に180度回転させると、角Eは角Bに重なります。

**答え** 角B

## 🐔 チャレンジしてみよう！

次の正多角形の中で点対称な形はどれですか。すべて答えましょう。

正三角形　　正方形　　正五角形　　正六角形

点対称な形は、正方形と正六角形です。
※「正□角形の□が偶数のとき、
点対称な形である」という性質があります。 **答え** 正方形、正六角形

## 🐣 解いてみよう！

長方形 ABCD は、長方形 EFGH の3倍の拡大図です。このとき、後の問いに答えましょう。

（1）長方形 EFGH は、長方形 ABCD の何分の1の縮図ですか。

長方形 ABCD は長方形 EFGH の3倍の拡大図です。

だから逆に、長方形 EFGH は長方形 ABCD の$\frac{1}{3}$の縮図です。

答え　$\frac{1}{3}$の縮図

（2）辺 AB の長さは何cmですか。

辺 AB と辺 EF は対応しています。

だから辺 AB は、辺 EF を3倍した長さになります。1×3＝3（cm）

答え　3cm

（3）辺 FG の長さは何cmですか。

辺 BC と辺 FG は対応しています。

だから辺 FG は、辺 BC を3で割った長さになります。9÷3＝3（cm）

答え　3cm

## 🐓 チャレンジしてみよう！

🐣解いてみよう！で、長方形 ABCD の面積は、長方形 EFGH の何倍ですか。

長方形 ABCD の面積は、3×9＝27（cm²）

長方形 EFGH の面積は、1×3＝3（cm²）だから27÷3＝9（倍）

※□倍の拡大図では面積が（□×□）倍になります。

（この問題では3×3＝9倍）

答え　9倍

---

## 🐣 解いてみよう！

（1）の立方体と、（2）（3）の直方体の体積をそれぞれ求めましょう。

（1） 　　（2） 　　（3）

立方体の体積
＝1辺×1辺×1辺
＝11×11×11
＝1331（cm³）

答え　1331cm³

直方体の体積
＝たて×横×高さ
＝6×7×3
＝126（cm³）

答え　126cm³

1.5×2.5×4
＝2.5×4×1.5
＝10×1.5
＝15（cm³）

答え　15cm³

## 🐓 チャレンジしてみよう！

次の立体は直方体と立方体を組み合わせた形です。この立体の体積を求めましょう。

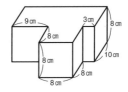

直方体の体積＝たて×横×高さ
＝10×（9＋8＋3）× 8
＝10×20×8＝1600

立方体の体積＝1辺×1辺×1辺
＝8×8×8＝512（cm³）
1600＋512＝2112（cm³）

答え　2112cm³

---

# 平面図形
# まとめテスト

本文80〜81ページ

※何度も復習したい方は、直接書き込まずノートを使うとよいでしょう。

**1** 次の□にあてはまる数を入れましょう。
【すべて正解で6点、計18点】

（1）ひし形　　（2）正三角形　　（3）二等辺三角形

　　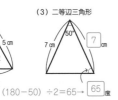

ひし形の向かい合う角は等しい　　　　　　　　　（180−50）÷2＝65→ 65 度

**2** 次の図形の面積をそれぞれ求めましょう。
【各6点、計18点】

（1）台形　　（2）ひし形　　（3）三角形

$\left(\begin{array}{c}上底＋下底\end{array}\right)$×高さ÷2
（4 ＋ 7）× 6÷2
＝33（cm²）

答え　33cm²

対角線×対角線÷2
9 × 12 ÷2
＝54（cm²）

答え　54cm²

底辺×高さ÷2
4 × 5 ÷2
＝10（cm²）

答え　10cm²

**3** 次の多角形で、アの角の大きさを答えましょう。
【10点】

この多角形は五角形で、五角形の内角の和は、
180×（5−2）＝540度
だから角アの大きさは
540−（100＋120＋105＋110）
＝105度

答え　105度

---

**4** 次の円について、問いに答えましょう。ただし、円周率は3.14とします。
【各9点、計18点】

（1）円周の長さは何cmですか。

12 × 3.14＝37.68（cm）
直径×円周率

答え　37.68cm

（2）この円の面積は何cm²ですか。

12÷2＝6（cm）…半径
6 × 6 × 3.14＝113.04（cm²）
半径×半径×円周率

答え　113.04cm²

**5** 円周の長さが56.52cmの円があります。このとき、次の問いに答えましょう。ただし、円周率は3.14とします。
【各9点、計18点】

（1）この円の半径は何cmですか。

まず直径を求めます。「直径×円周率＝円周の長さ」なので
直径×3.14＝56.52
直径＝56.52÷3.14＝18（cm）
半径＝18÷2＝9（cm）

答え　9cm

（2）この円の面積は何cm²ですか

9 × 9 × 3.14＝254.34（cm²）
半径×半径×円周率

答え　254.34cm²

**6** 次のア〜エの図形について、後の問いに答えましょう。
【各9点、計18点】

ア 直角二等辺三角形　　イ 長方形　　ウ 平行四辺形　　エ 直角二等辺三角形

（1）ア〜エの中で、点対称ではあるが、線対称ではない図形を記号で答えましょう。

|  | ア | イ | ウ | エ |
|---|---|---|---|---|
| 線対称 | ○ | ○ | × | ○ |
| 点対称 | × | ○ | ○ | × |

答え　ウ

（2）エはアの何分の1の縮図ですか。

エとアの対応する辺を比べると、5cmは10cmの$\frac{1}{2}$

答え　$\frac{1}{2}$の縮図

## PART 6 ❷ 容積とは（ようせき）

本文85ページ

### 🐣 解いてみよう！

次の入れ物について問いに答えましょう。

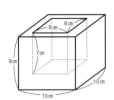

（1）この入れ物の容積は何cm³ですか。

この入れ物の内側の長さは、たて6cm、
横6cm、高さ（深さ）7cmなので、
6×6×7=252（cm³）

**答え** 252cm³

（2）この入れ物の体積は何cm³ですか。

この入れ物の外側は、たて10cm、横10cm、
高さ9cmの直方体の形をしています。
だから、この入れ物の体積は、外側の直方体
の体積から容積を引けば求められます。
10×10×9−252=648（cm³）

**答え** 648cm³

### 🐔 チャレンジしてみよう！

🐣 解いてみよう！の入れ物に108cm³の水を入れると、水の深さは何cmにな
りますか。

108cm³の水を入れた部分の形は、たて6cm、横6cmの直方体の形になります。
「6×6×水の深さ=108」だから、
水の深さ=108÷（6×6）=108÷36=3（cm）

**答え** 3cm

## PART 6 ❸ 角柱の体積（かくちゅう）

本文87ページ

### 🐣 解いてみよう！

（1）の三角柱と（2）の四角柱の体積をそれぞれ求めましょう。

（1）

$$\underline{5×8÷2}×6=20×6$$
底面積　　　高さ　=120（cm³）
（三角形の面積）

**答え** 120cm³

（2）

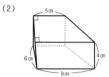

$$\underline{(5+9)×6÷2}×4=42×4$$
底面積　　　　高さ　=168（cm³）
（台形の面積）

**答え** 168cm³

### 🐔 チャレンジしてみよう！

次の四角柱の体積を求めましょう。

左のように、2本の補助線を引くと、この四角柱は、
「2つの同じ形の三角柱がくっついたもの」
だとわかります。だから、この四角柱の底面積は、
12×9÷2×2=108（cm²）
　　　　　2つ分
（底面積）（高さ）
体積は、108 × 15 =1620（cm³）

**答え** 1620cm³

## PART 6 ❹ 円柱の体積（えんちゅう）

本文89ページ

### 🐣 解いてみよう！

次の円柱の体積を求めましょう。ただし、円周率は3.14とします。

（1）

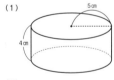

$$\underline{5×5×3.14}×\ \underline{4}$$
底面積　　× 高さ

➡ 数を並べかえる

$$=5×5×4×3.14$$
$$=100×3.14=314cm³$$

**答え** 314cm³

（2）

円柱を4等分に
切った形

$$\underline{8×8×3.14}×\ \underline{12}\ ×\ \underline{\frac{1}{4}}$$
底面積　　× 高さ　（4等分）

➡ 数を並べかえる

$$=8×8×12×\frac{1}{4}×3.14$$
$$=192×3.14=602.88cm³$$

**答え** 602.88cm³

### 🐔 チャレンジしてみよう！

次の展開図（立体の表面を、はさみなどで切り開いて平面に広げた図）を
組み立てた立体の体積を求めましょう。ただし、円周率は3.14とします。

組み立てると　➡

$$\underline{3×3×3.14}×\ \underline{7}$$
底面積　　× 高さ

$$=3×3×7×3.14$$
$$=63×3.14$$
$$=197.82（cm³）$$

**答え** 197.82cm³

## PART 7 ❶ 平均とは（へいきん）

本文93ページ

### 🐣 解いてみよう！

次の日数の平均を求めましょう。

21日、18日、25日、19日、16日

21+18+25+19+16=99（日）……合計
「平均=合計÷個数」なので、99÷5=19.8（日）

**答え** 19.8日

### 🐔 チャレンジしてみよう！

Aさんの1歩の歩はばの平均は68cmです。
このとき、次の問いに答えましょう。

（1）Aさんが15歩歩くと、何m何cm進みますか。

「合計=平均×個数」なので
68×15=1020（cm）=10（m）20（cm）

**答え** 10m20cm

（2）Aさんが何歩か歩いたところ、21m76cm進みました。Aさんは何歩歩きましたか。

21m76cm=2176cm
「個数=合計÷平均」なので
2176÷68=32（歩）

**答え** 32歩

# 立体図形
## まとめテスト

本文90〜91ページ

※何度も復習したい方は、直接書き込まずノートを使うとよいでしょう。

**1** 次の立体の体積をそれぞれ求めましょう。

(1)
【10点】

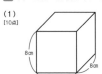

$$\underset{1辺}{8} \times \underset{1辺}{8} \times \underset{1辺}{8} = 512 \text{（cm}^3)$$

答え　512cm³

(2)
【10点】

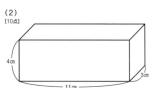

$$\underset{たて}{3} \times \underset{横}{11} \times \underset{高さ}{4} = 132 \text{（cm}^3)$$

答え　132cm³

(3)
【16点】
大きな直方体から小さな直方体を
切り取った形

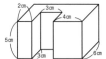

大きな直方体の横の長さは、2＋3＋4＝9（cm）

$$\underset{たて}{6} \times \underset{横}{9} \times \underset{高さ}{5} = 270 \text{（cm}^3)\cdots\begin{array}{l}\text{大きな}\\\text{直方体の}\\\text{体積}\end{array}$$

3×3×5＝45 …… 小さな
　　　　　　　　直方体の体積

270－45＝225（cm³）

答え　225cm³

**2** 次の入れ物について、問いに答えましょう。
【各16点、計32点】

(1) この入れ物の容積は何cm³ですか。

4×4×5＝80（cm³）

答え　80cm³

(2) この入れ物の体積は何cm³ですか。

$$\underset{\uparrow}{6} \times 6 \times 6 - 80 = 216 - 80 = 136 \text{（cm}^3)$$
　　1辺6cmの立方体の体積　　容積

答え　136cm³

**3** 次の立体の体積をそれぞれ求めましょう。
【各16点、計32点】

(1)

12×7÷2＝42（cm²）…底面積（三角形）

$$\underset{底面積}{42} \times \underset{高さ}{15} = 630 \text{（cm}^3)$$

答え　630cm³

(2) 直方体から、半径3cm、高さ5cmの円柱をくりぬいた形
　　（円周率は3.14とします）

6×10×5＝300（cm³）… 直方体の体積

$$\underset{円柱の底面積}{3 \times 3 \times 3.14} \times \underset{高さ}{5}$$

＝45×3.14＝141.3（cm³）… くりぬいた
　　　　　　　　　　　　　　　円柱の体積

300－141.3＝158.7（cm³）

答え　158.7cm³

---

本文95ページ　　 本文97ページ

## 🐣 解いてみよう！

右の表は、A町とB町の面積と人口を表しています。このとき、次の問いに答えましょう。

|  | 面積（km²） | 人口（人） |
|---|---|---|
| A町 | 43 | 6493 |
| B町 | 45 | 6885 |

(1) A町とB町の人口密度をそれぞれ求めましょう。

「人口密度＝人口÷面積」なので、
A町の人口密度は、6493÷43＝151（人）
B町の人口密度は、6885÷45＝153（人）

答え　A町… 151人　B町… 153人

(2) (1)の結果をもとにすると、A町とB町はどちらがこんでいますか。

A町よりB町のほうが、
人口密度が高いので、B町のほうがこんでいる。

答え　B町

## 🐔 チャレンジしてみよう！

🐣 解いてみよう！の続き

(3) A町とB町の1人あたりの面積（km²）を、それぞれ小数第五位まで求めましょう（小数第六位以下は切り捨てる）。電卓を使ってもかまいません。

1人あたりの面積＝「面積÷人口」なので
A町の1人あたりの面積は、43÷6493＝0.00662…（km²）
B町の1人あたりの面積は、45÷6885＝0.00653…（km²）

答え　A町… 0.00662km²　B町… 0.00653km²

(4) (3)の結果をもとにすると、A町とB町はどちらがこんでいますか。

A町よりB町のほうが、1人あたりの面積がせまいから、
B町のほうがこんでいる。

答え　B町

## 🐣 解いてみよう！

次の□にあてはまる数を答えましょう。

(1) 1t＝ 1000 kg　　　　(2) 1L＝ 1000 cm³

(3) 1m＝ 1000 mm　　　(4) 1ha＝ 100 a

## 🐔 チャレンジしてみよう！

次のあ〜うにあてはまる数を答えましょう。

1km²＝ あ ha＝ い a＝ う m²

1km²＝100ha だから、あは100
1ha＝100a だから、100ha＝100a ×100＝10000a（い）
1a ＝100m²だから、10000a＝100m²×10000＝1000000m²（う）

答え　あ… 100　　い… 10000　　う… 1000000

## 🐣 解いてみよう！

次の□にあてはまる数を答えましょう。

(1) 0.2t＝□kg　　(2) 71㎡＝□a　　(3) 0.703dL＝□㎠

(1) ｜ステップ1｜　　　　｜ステップ2｜

1t ＝ 1000kg　　0.2t ＝ 200kg

｜1000をかける｜　　｜1000をかける｜　　答え　200

(2) ｜ステップ1｜　　　　｜ステップ2｜

100㎡ ＝ 1a　　71㎡ ＝ 0.71a

｜100で割る｜　　｜100で割る｜　　答え　0.71

(3) ｜ステップ1｜　　　　｜ステップ2｜

1dL ＝ 100㎠　　0.703dL ＝ 70.3㎠

｜100をかける｜　　｜100をかける｜　　答え　70.3

## 🐔 チャレンジしてみよう！

次の□にあてはまる数を答えましょう。

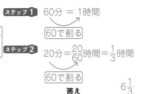

3時間46分＋2時間34分＝□時間

3時間46分＋2時間34分
＝5時間80分
＝6時間20分

｜時間どうし、分どうしをたす｜

｜80分＝1時間20分を5時間とたす｜

｜ステップ1｜　60分 ＝ 1時間
｜60で割る｜

｜ステップ2｜　20分＝$\frac{20}{60}$時間＝$\frac{1}{3}$時間
｜60で割る｜

答え　$6\frac{1}{3}$

---

## 🐣 解いてみよう！

次の問いに答えましょう。

(1) 分速1800m は時速何kmですか。

分速1800m →1分間に1800m（＝1.8km）進む
　　時速 →1時間（＝60分間）でどれだけ進むか
1.8×60＝時速108km

答え　時速108km

(2) 分速30m は秒速何 m ですか。

分速30m →1分間（＝60秒間）に30m進む
　秒速 →1秒間にどれだけ進むか
30÷60＝秒速0.5m（または秒速$\frac{1}{2}$m）

答え　秒速0.5m（または秒速$\frac{1}{2}$m）

## 🐔 チャレンジしてみよう！

次の□にあてはまる数を答えましょう。

「秒速20m は時速何kmですか」という問題を解いてみましょう。

1時間＝ 60 分、1分＝ 60 秒だから、

1時間＝（ 60 × 60 ）秒＝ 3600 秒です。秒速20m とは、

「1秒間に20m 進む速さ」なので、1時間（＝ 3600 秒）では

20× 3600 ＝ 72000 m＝ 72 km進みます。　答え　時速 72 km

---

# 単位量あたりの大きさ
# まとめテスト　本文100～101ページ

※何度も復習したい方は、直接書き込まずノートを使うとよいでしょう。

### 1 次の問いに答えましょう。
［各10点、計30点］

(1) 次の点数の平均を求めましょう。

68点、84点、90点、72点

「平均＝合計÷個数」より、
$\underbrace{(68＋84＋90＋72)}_{合計}$ ÷ $\underset{個数}{4}$ ＝314÷4＝78.5（点）

答え　78.5点

(2) 1こあたりの平均の重さが83g のみかんがいくつかあり、みかんの重さの合計は、4kg814g でした。このとき、みかんの個数は何こですか。

4kg814g＝4814g

「個数＝合計÷平均」より、$\underset{合計}{4814}$ ÷ $\underset{÷平均}{83}$ ＝58（こ）

答え　58こ

(3) 39人のクラスで社会のテストがあり、平均点は74点でした。このとき、このクラス全員のテストの合計点は何点ですか。

「合計＝平均×個数」より、
$\underset{平均}{74}$ × $\underset{×個数}{39}$ ＝2886（点）

答え　2886点

### 2 ある町の面積は53㎢で、人口は7155人です。この町の人口密度を求めましょう。
［12点］

「人口密度＝人口÷面積」より、
$\underset{人口（人）÷}{7155}$ ÷ $\underset{面積（㎢）}{53}$ ＝135（人）

答え　135人

### 3 次の□にあてはまる数を答えましょう。
［各6点、計24点］

(1) 1㎡＝ 10000 ㎠　　(2) 1g＝ 1000 mg

(3) 1km＝ 100000 cm　　(4) 1kL＝ 10000 dL

（1km＝1000m＝100000cm）　（1kL＝1000L＝10000dL）

### 4 次の問いに答えましょう。
［各6点、計24点］

(1) 152㎡ は何 a ですか。

｜ステップ1｜ 100㎡ ＝ 1a　｜ステップ2｜ 152㎡ ＝ 1.52a

｜100で割る｜　　｜100で割る｜　　答え　1.52a

(2) 3.07m は何mmですか。

｜ステップ1｜ 1m ＝ 1000mm　｜ステップ2｜ 3.07m ＝ 3070mm

｜1000をかける｜　　｜1000をかける｜　　答え　3070mm

(3) 0.05L は何㎠ですか。

｜ステップ1｜ 1L ＝ 1000㎠　｜ステップ2｜ 0.05L ＝ 50㎠

｜1000をかける｜　　｜1000をかける｜　　答え　50㎠

(4) 33分は何時間ですか。

｜ステップ1｜ 60分 ＝ 1時間　｜ステップ2｜ 33分＝$\frac{33}{60}$時間＝$\frac{11}{20}$時間

｜60で割る｜　　｜60で割る｜

答え　$\frac{11}{20}$時間（または0.55時間）

### 5 3つの土地 A、B、C があり、それぞれの土地の面積は次の通りです。
土地A…49.5a　土地B…7870㎡　土地C…0.008㎢
この3つの土地の平均の面積は何 a ですか。
［10点］

単位を a にそろえてから、平均を求めます。
（土地B）100㎡＝1a なので、7870㎡＝78.7a
（土地C）1㎢＝100ha＝10000a なので、0.008㎢＝80a
「平均＝合計÷個数」より、$\underbrace{(49.5＋78.7＋80)}_{合計}$ ÷ $\underset{÷個数}{3}$ ＝69.4（a）　答え　69.4a

## 🐤 解いてみよう！

ある自動車が、215kmの道のりを5時間で走ります。

（1）この自動車の速さは時速何kmですか。

「速さ＝道のり÷時間」だから、215÷5＝43

答え　　　時速43km

（2）この自動車が7時間走ると、何km進みますか。

「道のり＝速さ×時間」だから、43×7＝301

答え　　　301km

（3）この自動車が172km走るのに、何時間かかりますか。

「時間＝道のり÷速さ」だから、172÷43＝4

答え　　　4時間

## 🐓 チャレンジしてみよう！

時速30kmで進むバスが72km進むのに、何時間何分かかりますか。

「時間＝道のり÷速さ」だから、72÷30＝2.4（時間）
0.4時間→0.4×60＝24分だから、2.4時間＝2時間24分

別解〈 30km＝30000m、30000÷60＝500だから
時速30km＝分速500m、72km＝72000m
「時間＝道のり÷速さ」だから、
72000÷500＝144分＝2時間24分

答え　　　2時間24分

## 🐤 解いてみよう！

次のそれぞれの□に、もとにする量、割合、比べられる量のいずれかを入れましょう。

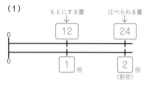

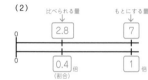

## 🐓 チャレンジしてみよう！

🐤 解いてみよう！の（1）（2）を線分図に表しました。□にあてはまる数を答えましょう。

（1）
もとにする量　比べられる量
12　24
1倍　2倍
（割合）

（2）
比べられる量　もとにする量
2.8　7
0.4倍　1倍
（割合）

---

# 速さ
# まとめテスト

本文106〜107ページ

※何度も復習したい方は、直接書き込まずノートを使うとよいでしょう。

### 1 次の問いに答えましょう。

〔（1）各6点、（2）各6点、計24点〕

（1）秒速15mは分速何mですか。また、時速何kmですか。

・秒速15m →1秒間に15m 進む
　　分速 →1分間（60秒間）でどれだけ進むか　　15×60＝分速900m
・分速900m →1分間に900m 進む
　　　時速 →1時間（60分間）でどれだけ進むか
　　900×60＝54000m＝時速54km

答え　　　分速900m、時速54km

（2）時速90kmは分速何mですか。また、秒速何mですか。

・時速90km→1時間（＝60分間）に90km（＝90000m）進む
　　　分速 →1分間でどれだけ進むか　　90000÷60＝分速1500m
・分速1500m →1分間（＝60秒間）に1500m 進む
　　　秒速 →1秒間でどれだけ進むか
　　1500÷60＝秒速25m

答え　　　分速1500m、秒速25m

### 2 Aさんは3kmの道のりを50分で歩けます。

〔各10点、計30点〕

（1）Aさんの歩く速さは分速何mですか。

3km＝3000m
「速さ＝道のり÷時間」だから、3000÷50＝60m　答え　　　分速60m

（2）Aさんが1時間30分歩くと、何km進みますか。

1時間30分＝90分
「道のり＝速さ×時間」だから、60×90＝5400m＝5.4km

答え　　　5.4km

（3）Aさんが10.2km歩くのに、何時間何分かかりますか。

10.2km＝10200m
「時間＝道のり÷速さ」だから、10200÷60＝170分＝2時間50分

答え　　　2時間50分

### 3 あるバスは2時間45分で88km進みます。このバスは、12分で何km進みますか。

〔14点〕

2時間45分＝2$\frac{45}{60}$時間＝2$\frac{3}{4}$時間

「速さ＝道のり÷時間」だから、88÷2$\frac{3}{4}$＝88÷$\frac{11}{4}$＝時速32km
（バスの速さ）

12分＝$\frac{12}{60}$時間＝$\frac{1}{5}$時間

「道のり＝速さ×時間」だから、32×$\frac{1}{5}$＝$\frac{32}{5}$＝6$\frac{2}{5}$km

答え　　　6$\frac{2}{5}$km（または6.4km）

### 4 時速40kmの自動車が27分で進む道のりを、分速90mで歩くと何時間何分かかりますか。

〔16点〕

27分＝$\frac{27}{60}$時間＝$\frac{9}{20}$時間

「道のり＝速さ×時間」だから、40×$\frac{9}{20}$＝18km→18000m（道のり）

「時間＝道のり÷速さ」だから、
18000÷90＝200分→3時間20分

答え　　　3時間20分

### 5 Aさんの家から公園までの道のりは2kmで、公園から駅までの道のりは3.5kmです。Aさんは午前9時に家を出発し、公園まで分速80mで歩きました。公園で何分間か遊んだ後、駅まで分速70mで歩いたところ、午前11時に駅に着きました。Aさんが公園で遊んでいたのは何分間ですか。

〔16点〕

家から公園まで
2km（＝2000m）を分速80mで歩いたので、
「時間＝道のり÷速さ」より、
2000÷80＝25分 … 家を出発してから
　　　　　　　　　　公園までかかった時間

午前9時　公園で何分か遊ぶ　午前11時
家　　　公園　　　　駅
　2km　　3.5km
　分速80m 分速70m

公園から駅まで
3.5km（＝3500m）を分速70mで歩いたので、「時間＝道のり÷速さ」より、
3500÷70＝50分 … 公園を出発してから駅までかかった時間

家から駅まで、11−9＝2時間（＝120分）かかりました。
120分から、歩いた時間の合計（25分＋50分）を引くと、
120−（25＋50）＝120−75
＝45分間 … 公園で遊んでいた時間

答え　　　45分間

## PART 9 2 割合とは その2

本文111ページ

### 🐣 解いてみよう！

次の□にあてはまる数を答えましょう。

(1) 18L は □L の 0.9倍 です。

| 比べ<br>られる量 | もとに<br>する量 | 割合 |
|---|---|---|

「もとにする量＝比べられる量÷割合」なので、
18÷0.9＝20

答え　　20

(2) □cm は 75cm の 0.48倍 です。

| 比べ<br>られる量 | もとに<br>する量 | 割合 |
|---|---|---|

「比べられる量＝もとにする量×割合」なので、
75×0.48＝36

答え　　36

(3) 6.8kg の □倍 は 8.5kg です。

| もとに<br>する量 | 割合 | 比べ<br>られる量 |
|---|---|---|

「割合＝比べられる量÷もとにする量」なので、
8.5÷6.8＝1.25

答え　　1.25

### 🐔 チャレンジしてみよう！

次の□にあてはまる数を答えましょう。

□k㎡ の 0.07倍 は 98a です。

| もとに<br>する量 | 割合 | 比べ<br>られる量 |
|---|---|---|

「もとにする量＝比べられる量÷割合」なので、
98÷0.07＝1400 (a)　　1400a＝14ha＝0.14k㎡　答え　0.14

---

## PART 9 3 百分率とは

本文113ページ

### 🐣 解いてみよう！

次の□にあてはまる数を答えましょう。

(1) □円 の 31% は 279円 です。

| もとに<br>する量 | 0.31倍<br>(割合) | 比べ<br>られる量 |
|---|---|---|

「もとにする量＝比べられる量÷割合」なので、
279÷0.31＝900

答え　　900

(2) 78L は 120L の □% です。

| 比べ<br>られる量 | もとに<br>する量 | 百分率<br>(割合) |
|---|---|---|

「割合＝比べられる量÷もとにする量」なので、
78÷120＝0.65（倍）　　　0.65（倍）→65（%）　答え　65

(3) □㎡ は 700㎡ の 83% です。

| 比べ<br>られる量 | もとに<br>する量 | 0.83倍<br>(割合) |
|---|---|---|

「比べられる量＝もとにする量×割合」なので、
700×0.83＝581

答え　　581

### 🐔 チャレンジしてみよう！

1900円の15%引きのねだんはいくらですか。

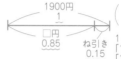

（ 百分率　→　小数の割合 ）
　 15%　　　 0.15（倍）

1－0.15＝0.85
「1900円の15%（0.15倍）引きのねだん」とは、
「1900円の0.85倍のねだん」のことだから、
1900×0.85＝1615（円）

※‥‥‥を引いた数は、
　小数の割合

答え　　1615円

---

## PART 9 4 歩合とは

本文115ページ

### 🐣 解いてみよう！

次の□の中にあてはまる数を答えましょう。

(1) 640mg の 8割7分5厘 は □mg です。

| もとに<br>する量 | 0.875倍<br>(割合) | 比べ<br>られる量 |
|---|---|---|

「比べられる量＝もとにする量×割合」なので、
640×0.875＝560

答え　　560

(2) 2800km の □割□分□厘 は 1106km です。

| もとに<br>する量 | 歩合<br>(割合) | 比べ<br>られる量 |
|---|---|---|

「割合＝比べられる量÷もとにする量」なので、
1106÷2800＝0.395
0.395（倍）→3割9分5厘

答え　　3割9分5厘

(3) 3563kL は □kL の 5割9厘 です。

| 比べ<br>られる量 | もとに<br>する量 | 0.509倍<br>(割合) |
|---|---|---|

「もとにする量＝比べられる量÷割合」なので、
3563÷0.509＝7000

答え　　7000

### 🐔 チャレンジしてみよう！

300円で仕入れた商品に2割増しの定価をつけましたが、売れなかったので、定価の1割引きのねだんで売りました。売りね（実際に売ったねだん）はいくらですか。

※115ページの お子さんに教えたいアドバイス！ を参照
　300×（1＋0.2）＝360（円）… 定価
　360×（1－0.1）＝324（円）… 売りね

答え　　324円

---

## PART 9 5 割合のグラフ

本文117ページ

### 🐣 解いてみよう！

何枚かの折り紙があり、それぞれの色の枚数の割合は、次の帯グラフのようになりました。このとき、後の問いに答えましょう。

| 黄<br>40% | むらさき<br>21% | 青 | 赤<br>14% | 緑<br>10% |
|---|---|---|---|---|

💡ヒント
全体で100%です。

(1) 青色の折り紙の枚数は全体の何%ですか。

全体で100%なので、青色の枚数の割合は
100－（40＋21＋14＋10）＝100－85＝15（%）

答え　　15%

(2) むらさき色の折り紙の枚数は105枚です。折り紙は全部で何枚ありますか。

「もとにする量（全体）＝比べられる量（むらさきの枚数）÷小数の割合」
なので105÷0.21＝500（枚）

答え　　500枚

(3) 黄色の折り紙は何枚ありますか。

「比べられる量（黄色の枚数）＝もとにする量（全体）×小数の割合」
なので500×0.4＝200（枚）

答え　　200枚

### 🐔 チャレンジしてみよう！

🐣 解いてみよう！の帯グラフを、円グラフに表すことにしました。このとき、赤色の折り紙の部分（おうぎ形）の中心角を何度にすればよいですか。

117ページの お子さんに教えたいアドバイス！ に書いているように、
円グラフの1%は3.6度にあたります。
赤色の割合は14%なので、赤色の折り紙の部分の中心角は、
3.6×14＝50.4度です。

答え　　50.4度

# 割合
## まとめテスト
本文118〜119ページ

※何度も復習したい方は、直接書き込まずノートを使うとよいでしょう。

**1** 次の□にあてはまる数を答えましょう。
[各7点、計56点]

(1) 18m の 0.15倍 は □m です。

| もとに<br>する量 | 割合 | 比べ<br>られる量 |
|---|---|---|

「比べられる量＝もとにする量×割合」なので、
18×0.15=2.7

答え　2.7

(2) 231円 は 300円 の □倍 です。

| 比べ<br>られる量 | もとに<br>する量 | 割合 |
|---|---|---|

「割合＝比べられる量÷もとにする量」なので、
231÷300=0.77

答え　0.77

(3) 805kg の □% は 161kg です。

| もとに<br>する量 | 百分率<br>(割合) | 比べ<br>られる量 |
|---|---|---|

「割合＝比べられる量÷もとにする量」なので、
161÷805=0.2倍→20%

答え　20

(4) □ha は 72ha の 62.5% です。

| 比べ<br>られる量 | もとに<br>する量 | 0.625倍<br>(割合) |
|---|---|---|

「比べられる量＝もとにする量×割合」なので、
72×0.625=45

答え　45

(5) 75mm は □m の 0.3% です。

| 比べ<br>られる量 | もとに<br>する量 | 0.003倍<br>(割合) |
|---|---|---|

「もとにする量＝比べられる量÷割合」なので、
75÷0.003=25000mm=25m

答え　25

(6) □㎡ の 4分1厘 は 369㎡ です。

| もとに<br>する量 | 0.041倍<br>(割合) | 比べ<br>られる量 |
|---|---|---|

「もとにする量＝比べられる量÷割合」なので、
369÷0.041=9000 (㎡)

答え　9000

(7) □g は 700g の 1割2分8厘 です。

| 比べ<br>られる量 | もとに<br>する量 | 0.128倍<br>(割合) |
|---|---|---|

「比べられる量＝もとにする量×割合」なので、
700×0.128=89.6

答え　89.6

(8) 1515㎤ は 3L の □割□厘 です。

| 比べ<br>られる量 | 3000㎤<br>もとに<br>する量 | 歩合<br>(割合) |
|---|---|---|

「割合＝比べられる量÷もとにする量」なので、
1515÷3000=0.505 (倍) →5割5厘

答え　5割 5厘

**2** ある小学校の5年生全員の住所を調べたところ、次の円グラフのような結果になりました。これについて、次の問いに答えましょう。
[各10点、計20点]

(1) D町に住んでいる人数は、A町に住んでいる人数の何分の1ですか。

D町は12%で、A町は36%だから、

$12 \div 36 = \frac{12}{36} = \frac{1}{3}$

答え　$\frac{1}{3}$

(2) C町に住んでいる生徒は27人です。このとき、B町に住んでいる生徒は何人ですか。

18%→0.18倍。「もとにする量（5年生全員の人数）＝比べられる量（C町の人数）÷割合」なので、5年生全員の人数は、
27÷0.18=150人。24%→0.24倍。
「比べられる量（B町の人数）＝もとにする量（5年生全員の人数）×割合」なので、B町の人数は、150×0.24=36人。

答え　36人

**3** 1800円で仕入れた商品に3割増しの定価をつけましたが、売れなかったので、定価の2割引きのねだんで売りました。このとき、次の問いに答えましょう。
[各12点、計24点]

(1) 売りね（実際に売ったねだん）はいくらですか。

※115ページの お子さんに教えたいアドバイス！ を参照
1800×（1+0.3）=2340（円）…定価
2340×（1-0.2）=1872（円）…売りね

答え　1872円

(2) (1)の売りねで売ったときの利益はいくらですか。

「利益＝売りね−仕入れたねだん」だから、
利益は、1872−1800=72（円）

答え　72円

---

PART 10 **1** 比とは
本文121ページ

### 🐣 解いてみよう！

次の比の値を求めましょう。

(1) 15：27

$15 \div 27 = \frac{15}{27}$
$= \frac{5}{9}$

答え　$\frac{5}{9}$

(2) 6：1.2

$6 \div 1.2 = 5$

答え　5

(3) $\frac{5}{12} : \frac{7}{8}$

$\frac{5}{12} \div \frac{7}{8} = \frac{5}{12} \times \frac{8}{7}$
$= \frac{10}{21}$

答え　$\frac{10}{21}$

### 🐔 チャレンジしてみよう！

次の⑦〜⊆の中で等しい比は、どれとどれですか。記号で答えましょう。

それぞれの比の値を求めて、等しい組が答えです。

⑦ $\frac{3}{10}$：0.5

$\frac{3}{10} \div 0.5$
$= \frac{3}{10} \div \frac{1}{2}$
$= \frac{3}{10} \times \frac{2}{1}$
$= \frac{3}{5}$

① 20：22

$20 \div 22$
$= \frac{20}{22}$
$= \frac{10}{11}$

⑦ 2：1.5

$2 \div 1.5$
$= 2 \div 1\frac{1}{2}$
$= 2 \div \frac{3}{2}$
$= 2 \times \frac{2}{3}$
$= \frac{4}{3} = 1\frac{1}{3}$

⊆ $\frac{1}{3} : \frac{5}{9}$

$\frac{1}{3} \div \frac{5}{9}$
$= \frac{1}{3} \times \frac{9}{5}$
$= \frac{3}{5}$

答え　⑦と⊆

---

PART 10 **2** 比をかんたんにする
本文123ページ

### 🐣 解いてみよう！

次の比をかんたんにしましょう。

(1) 40：32

↓ 最大公約数の8で割る
=40÷8：32÷8
=5：4

答え　5：4

(2) 4.9：7.7

↓ 10倍する
=4.9×10：7.7×10
=49：77　最大公約数の7で割る
↓
=49÷7：77÷7
=7：11

答え　7：11

(3) $\frac{5}{24} : \frac{15}{16}$

$= \frac{5}{24} \times 48 : \frac{15}{16} \times 48$
$= 10 : 45 = 2 : 9$

別解

$\frac{5}{24} : \frac{15}{16} = \frac{5}{24} \div 5 : \frac{15}{16} \div 5$
$= \frac{1}{24} : \frac{3}{16}$
$= \frac{1}{24} \times 48 : \frac{3}{16} \times 48 = 2 : 9$

答え　2：9

### 🐔 チャレンジしてみよう！

$12\frac{2}{3}$：5.7の比をかんたんにしましょう。

$12\frac{2}{3} : 5.7 = \frac{38}{3} : \frac{57}{10} = \frac{38}{3} \times 30 : \frac{57}{10} \times 30 = 380 : 171$
$= 380 \div 19 : 171 \div 19 = 20 : 9$

別解 $12\frac{2}{3} : 5.7 = \frac{38}{3} : \frac{57}{10} = \frac{38}{3} \div 19 : \frac{57}{10} \div 19$
$= \frac{2}{3} : \frac{3}{10} = \frac{2}{3} \times 30 : \frac{3}{10} \times 30 = 20 : 9$

答え　20：9

## 🐣 解いてみよう！

次の□にあてはまる数を、「比例式の内項の積と外項の積は等しい」性質を使って求めましょう。

(1) $9:13=2:□$

内項の積は$13×2=26$
外項の積も26だから、$□=26÷9=\frac{26}{9}=2\frac{8}{9}$

答え $2\frac{8}{9}$

(2) $6.9:□=4.6:5$

外項の積は$6.9×5=34.5$
内項の積も34.5だから、$□=34.5÷4.6=7.5$

答え 7.5

## 🐔 チャレンジしてみよう！

次の□にあてはまる数を、「比例式の内項の積と外項の積は等しい」性質を使って求めましょう。

$\frac{14}{15}:0.9=\frac{2}{3}:□$

内項の積は$0.9×\frac{2}{3}=\frac{9}{10}×\frac{2}{3}=\frac{3}{5}$
外項の積も$\frac{3}{5}$だから$□=\frac{3}{5}÷\frac{14}{15}=\frac{3}{5}×\frac{15}{14}=\frac{9}{14}$

答え $\frac{9}{14}$

## 🐣 解いてみよう！

兄と弟の持っているお金の比は8：3です。2人の持っているお金が合わせて2750円のとき、弟の持っているお金はいくらですか。

兄の8めもり分と弟の3めもり分をたした、
$8+3=11$めもり分が2750円にあたります。
だから、1めもり分は、$2750÷11=250$円です。
弟は3めもり分なので、$250×3=750$円

答え 750円

## 🐔 チャレンジしてみよう！

6Lの水を、A、B、Cのバケツに分けます。A、B、Cのバケツの水の量が4：6：5になるよう分けるとき、バケツBに入っている水の量は何mLですか。

6L＝6000mL

Aの4めもり分とBの6めもり分とCの5めもり分をたした、
$4+6+5=15$めもり分が6000mLにあたります。
だから、1めもり分は、$6000÷15=400$mLです。
Bは6めもり分なので、$400×6=2400$mL

答え 2400mL

---

**PART 10**

# 比
# まとめテスト

本文128～129ページ

※何度も復習したい方は、直接書き込まずノートを使うとよいでしょう。

### 1 次の比の値を求めましょう。
【各8点、計24点】

(1) $81:63$

$81÷63=\frac{81}{63}$
$=\frac{9}{7}=1\frac{2}{7}$

答え $1\frac{2}{7}$

(2) $2.6:3.9$

$2.6÷3.9$
$=\frac{26}{10}÷\frac{39}{10}$
$=\frac{26}{10}×\frac{10}{39}=\frac{2}{3}$

答え $\frac{2}{3}$

(3) $\frac{9}{20}:\frac{18}{25}$

$=\frac{9}{20}÷\frac{18}{25}$
$=\frac{9}{20}×\frac{25}{18}=\frac{5}{8}$

答え $\frac{5}{8}$

### 2 次の比をかんたんにしましょう。
【各8点、計24点】

(1) $55:33$

最大公約数の11で割る
$=55÷11:33÷11$
$=5:3$

答え $5:3$

(2) $0.03:15$

100倍する
$=0.03×100:15×100$
$=3:1500$
$=1:500$

答え $1:500$

(3) $\frac{27}{40}:\frac{39}{50}$

$=\frac{27}{40}×200:\frac{39}{50}×200$
$=135:156=45:52$

別解 $\frac{27}{40}÷3:\frac{39}{50}÷3=\frac{9}{40}:\frac{13}{50}$
$=\frac{9}{40}×200:\frac{13}{50}×200$
$=45:52$

答え $45:52$

### 3 次の□にあてはまる数を「比例式の内項の積と外項の積は等しい」性質を使って求めましょう。
【12点】

$14:15=□:9$

外項の積は$14×9=126$。内項の積も126だから、
$□=126÷15=\frac{126}{15}=8\frac{6}{15}=8\frac{2}{5}$（または8.4）

答え $8\frac{2}{5}$（または8.4）

### 4 姉と妹の持っている折り紙の枚数の比は4：7です。姉が72枚持っているとき、妹は折り紙を何枚持っていますか。
【12点】

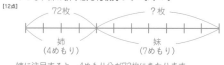

姉に注目すると、4めもり分が72枚にあたります。
だから、1めもり分は、$72÷4=18$枚です。
妹の枚数は7めもり分なので、$18×7=126$枚です。

答え 126枚

### 5 A、B、C、3つの土地があり、3つの土地の面積は合わせて5aです。A、B、Cの面積の比が5：6：9のとき、Aの土地の面積は何㎡ですか。
【14点】

5a＝500㎡

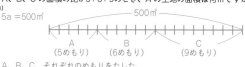

A、B、C、それぞれのめもりをたした、
$5+6+9=20$めもり分が500㎡にあたります。
だから、1めもり分は$500÷20=25$㎡です。
Aは5めもり分なので、$25×5=125$㎡です。

答え 125㎡

### 6 次の直角三角形ABCは辺AB、辺BC、辺CAの長さの比が3：4：5で、3つの辺の長さを合わせると36cmになります。このとき、この直角三角形ABCの面積は何㎠ですか。
【14点】

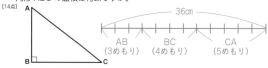

$3+4+5=12$めもり分が36cmにあたります。
だから、1めもり分は$36÷12=3$cmです。
ABの長さは$3×3=9$cm、BCの長さは$3×4=12$cm
だから直角三角形ABCの面積は、$12×9÷2=54$（㎠）

答え 54㎠

## 🐥 解いてみよう！

次の表は、ある人が時速4kmで歩いたときの時間 $x$ 時間と道のり $y$ kmの関係を表しています。このとき、後の問いに答えましょう。

| 時間 $x$（時間） | 1 | 2 | 3 | 4 | 5 |
|---|---|---|---|---|---|
| 道のり $y$（km） | 4 | 8 | 12 | 16 | 20 |

（1）$y$ は $x$ に比例していますか。
表より、$x$ が2倍、3倍、…になると、$y$ も2倍、3倍、…になっています。
だから、$y$ は $x$ に比例しています。

答え　　比例している

（2）$x$ と $y$ の関係を式に表しましょう。
比例の式は「$y=$ 決まった数 $\times\, x$」です。$y$ の値を $x$ の値で割ると、「決まった数」は4であることがわかります。

答え　　$y=4\times x$

（3）$x$ の値が3.5のときの $y$ の値を求めましょう。
（2）で求めた「$y=4\times x$」の $x$ に3.5を入れると、$y=4\times3.5=14$

答え　　$y=14$

## 🐔 チャレンジしてみよう！

🐥 解いてみよう！の問題で、$y$ が11.8のときの $x$ の値を求めましょう。

（2）で求めた「$y=4\times x$」の $y$ に11.8を入れると、
$11.8=4\times x$,　　$x=11.8\div4=2.95$

答え　　$x=2.95$

---

## 🐥 解いてみよう！

1辺の長さが $x$ cmのひし形のまわりの長さを $y$ cmとします。このとき、次の問いに答えましょう。

（1）$x$ と $y$ の関係を式にしましょう。
ひし形の1辺の長さ（$x$cm）を4倍すると、まわりの長さ（$y$cm）になるので、$y=4\times x$

答え　　$y=4\times x$

（2）$x$ と $y$ の関係を、右の表にかきましょう。
$y=4\times x$ の $x$ に、0、1、2、…と数を入れて、$y$ を求めると右のようになります。

| $x$（cm） | 0 | 1 | 2 | 3 | 4 |
|---|---|---|---|---|---|
| $y$（cm） | 0 | 4 | 8 | 12 | 16 |

（3）（2）の表をもとに、$x$ と $y$ の関係を右のグラフにかきましょう。

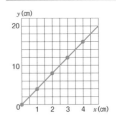

## 🐔 チャレンジしてみよう！

🐥 解いてみよう！（3）のグラフを見て、$x$ の値が1.5のときの $y$ の値を答えましょう。

（3）のグラフを見ると、$x=1.5$ のとき、$y=6$ であることが読み取れます。

答え　　$y=6$

---

## 🐥 解いてみよう！

容積が21Lの空の水そうに、1時間に $x$ L ずつ水を入れるとき、$y$ 時間でいっぱいになります。次の表は、このときの $x$ と $y$ の関係を表に表したものです。

| $x$（L） | 1 | 2 | 3 | 7 | 10.5 | 21 |
|---|---|---|---|---|---|---|
| $y$（時間） | 21 | 10.5 | 7 | 3 | 2 | 1 |

（1）$y$ は $x$ に反比例していますか。
表より、$x$ が2倍、3倍、…になると、$y$ は $\frac{1}{2}$ 倍、$\frac{1}{3}$ 倍、…になっています。
だから $y$ は $x$ に反比例しています。

答え　　反比例している

（2）$x$ と $y$ の関係を式に表しましょう。
反比例の式は「$y=$ 決まった数 $\div\, x$」です。$x$ の値と $y$ の値をかけると「決まった数」は21であることがわかります。

答え　　$y=21\div x$

（3）$x$ の値が6のときの $y$ の値を求めましょう。
（2）で求めた、「$y=21\div x$」の $x$ に6を入れると、$y=21\div6=3.5$

答え　　$y=3.5$

## 🐔 チャレンジしてみよう！

🐥 解いてみよう！の問題で、$y$ が $2\frac{1}{3}$ のときの $x$ の値を求めましょう。

（2）で求めた「$y=21\div x$」の $y$ に $2\frac{1}{3}$ を入れると
$2\frac{1}{3}=21\div x$,　　$x=21\div2\frac{1}{3}=21\div\frac{7}{3}=21\times\frac{3}{7}=9$

答え　　$x=9$

---

## 🐥 解いてみよう！

面積が10㎠の長方形のたての長さ $x$ cmと横の長さ $y$ cmについて、次の問いに答えましょう。

（1）$x$ と $y$ の関係を式に表しましょう。
長方形の面積（10㎠）をたての長さ（$x$cm）で割ると、横の長さ（$y$cm）が求められるので $y=10\div x$

答え　　$y=10\div x$

（2）$x$ と $y$ の関係を、下の表にかきましょう。
$y=10\div x$ の $x$ に、1、2、2.5、…と数を入れて、$y$ を求めると、下のようになります。

| $x$（cm） | 1 | 2 | 2.5 | 4 | 5 | 10 |
|---|---|---|---|---|---|---|
| $y$（cm） | 10 | 5 | 4 | 2.5 | 2 | 1 |

（3）（2）の表をもとに、$x$ と $y$ の関係を下のグラフにかきましょう。

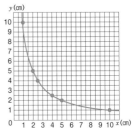

## 🐔 チャレンジしてみよう！

🐥 解いてみよう！（1）で求めた式を使って、たての長さが $\frac{6}{7}$ cmのときの横の長さを求めましょう。

$y=10\div x$ の $x$ に $\frac{6}{7}$ を入れると、
$y=10\div\frac{6}{7}=10\times\frac{7}{6}=5\times\frac{7}{3}=\frac{35}{3}=11\frac{2}{3}$

答え　　$11\frac{2}{3}$ cm

# 比例と反比例
## まとめテスト

本文138〜139ページ

※何度も復習したい方は、直接書き込まずノートを使うとよいでしょう。

**1** 次の表で、$y$ は $x$ に比例しています。このとき、後の問いに答えましょう。
【(1) 8点 (2) 各4点、計20点】

| $x$ | 1 | ⑦ | 5 | 9 |
|---|---|---|---|---|
| $y$ | ⑦ | 24 | 40 | ⑰ |

(1) $x$ と $y$ の関係を式に表しましょう。
比例の式は「$y =$ 決まった数 $× x$」です。
表より、$x = 5$ のとき $y = 40$ なので、
これを比例の式に入れると、40 = 決まった数 $× 5$、
決まった数 $= 40 ÷ 5 = 8$
　　　　　　　　　答え　$y = 8 × x$

(2) ⑦〜⑰にあてはまる数を答えましょう。
⑦「$y = 8 × x$」の $x$ に1を入れると、$y = 8 × 1 = 8$
⑦「$y = 8 × x$」の $y$ に24を入れると、$24 = 8 × x$、　$x = 24 ÷ 8 = 3$
⑰「$y = 8 × x$」の $x$ に9を入れると、$y = 8 × 9 = 72$
　　　　　　　　答え　⑦ 8　⑦ 3　⑰ 72

**2** 次の表で、$y$ は $x$ に反比例しています。このとき、後の問いに答えましょう。
【(1) 8点 (2) 各4点、計20点】

| $x$ | 3 | 6 | ⑦ | 15 |
|---|---|---|---|---|
| $y$ | ⑦ | 10 | 5 | ⑰ |

(1) $x$ と $y$ の関係を式に表しましょう。
反比例の式は「$y =$ 決まった数 $÷ x$」です。
表より、$x = 6$ のとき $y = 10$ なので、
これを反比例の式に入れると、10 = 決まった数 $÷ 6$、
決まった数 $= 6 × 10 = 60$
　　　　　　　　　答え　$y = 60 ÷ x$

(2) ⑦〜⑰にあてはまる数を答えましょう。
⑦「$y = 60 ÷ x$」の $x$ に3を入れると、$y = 60 ÷ 3 = 20$
⑦「$y = 60 ÷ x$」の $y$ に5を入れると、$5 = 60 ÷ x$、　$x = 60 ÷ 5 = 12$
⑰「$y = 60 ÷ x$」の $x$ に15を入れると、$y = 60 ÷ 15 = 4$
　　　　　　　　答え　⑦ 20　⑦ 12　⑰ 4

**3** 直方体の形をした空の水そうに、1分あたり1.5㎝ずつ深くなるように水を入れていきます。水を入れる時間を $x$ 分、水の深さを $y$ ㎝とするとき、次の問いに答えましょう。
【各10点、計30点】

(1) $x$ と $y$ の関係を式に表しましょう。
「水の深さ = 1分あたりの水の深さ × 水を入れる時間」
なので、$y = 1.5 × x$
　　　　　　　　答え　$y = 1.5 × x$

(2) $x$ と $y$ の関係を、下の表にかきましょう。
$y = 1.5 × x$ の式の $x$ に、
0、1、2、3をそれぞれ入れて、
$y$ を求めると下のようになります。

| 時間 $x$(分) | 0 | 1 | 2 | 3 |
|---|---|---|---|---|
| 深さ $y$(㎝) | 0 | 1.5 | 3 | 4.5 |

(3) (2)の表をもとに、$x$ と $y$ の関係を下のグラフにかきましょう。

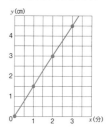

**4** 面積が6㎠の三角形があります。この三角形の底辺の長さが $x$ ㎝で、高さが $y$ ㎝のとき、次の問いに答えましょう。
【各10点、計30点】

(1) $x$ と $y$ の関係を式に表しましょう。
「底辺 × 高さ ÷ 2 = 三角形の面積」
なので、$x × y ÷ 2 = 6$
$x × y = 2 × 6 = 12$
$y = 12 ÷ x$
　　　　　　　　答え　$y = 12 ÷ x$

(2) $x$ と $y$ の関係を、下の表にかきましょう。
$y = 12 ÷ x$ の式の $x$ に、
1、2、3、…と数を入れて
$y$ を求めると、下のようになります。

| 底辺 $x$(㎝) | 1 | 2 | 3 | 4 | 6 | 12 |
|---|---|---|---|---|---|---|
| 高さ $y$(㎝) | 12 | 6 | 4 | 3 | 2 | 1 |

(3) (2)の表をもとに、$x$ と $y$ の関係を下のグラフにかきましょう。

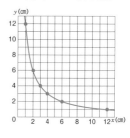

---

## 並べかた

本文141ページ

### 🐣 解いてみよう！

A、B、C、Dの4人が、チームを組んでリレーに出場します。
Aが第1走者のときの、4人の走る順番は、全部で何通りありますか。

| 第1 | 第2 | 第3 | 第4 |
|---|---|---|---|

第1走者〜第4走者に分けて、Aが第1走者のときの樹形図をかくと、右のようになります。

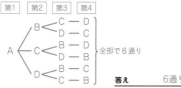
全部で6通り

　　　　　　　答え　6通り

### 🐔 チャレンジしてみよう！

🐣 解いてみよう！で、A、B、C、Dの4人だれもが第一走者になりうるときの4人の走る順番は、全部で何通りありますか。

🐣 解いてみよう！の樹形図と同じように、
第1走者が B、C、D のときもそれぞれ6通りずつになります。
だから、全部で $6 × 4 = 24$ 通りです。
　　　　　　　答え　24通り

---

## 組み合わせ

本文143ページ

### 🐣 解いてみよう！

A、B、C、Dの4枚のカードのうち、2枚を選ぶ組み合わせは何通りありますか。左ページのように、樹形図をかいて（あてはまらないものに×をつけて）求めましょう。

A、B、C、Dの4枚のカードのうち、2枚を並べる並べかたを樹形図でかき、重なっているものに×をつけると、右のようになります。

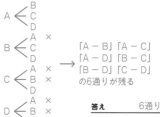

「A − B」「A − C」
「A − D」「B − C」
「B − D」「C − D」
の6通りが残る

　　　　　　　答え　6通り

### 🐔 チャレンジしてみよう！

🐣 解いてみよう！の問題を、お子さんに教えたいアドバイス！ に記しているような表をかいて、求めましょう。

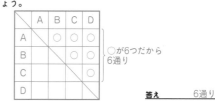

|  | A | B | C | D |
|---|---|---|---|---|
| A |  | ○ | ○ | ○ |
| B |  |  | ○ | ○ |
| C |  |  |  | ○ |
| D |  |  |  |  |

○が6つだから6通り

　　　　　　　答え　6通り

## 🐣 解いてみよう！

12人の生徒が、先週、図書館に行った回数を調べたところ、次のようになりました。このとき、後の問いに答えましょう。また、答えが小数か分数になる場合、小数で答えてください。

3　0　2　3　1　3　2　0　5　4　1　3　（回）

（1）このデータを、右の図にドットプロットとして表しましょう。

この問題のデータをドットプロットに表すと、右のようになります。

（2）このデータの最頻値は何回ですか。

データの中で、最も個数の多い値が最頻値です。（1）のドットプロットをみると、最頻値は3回だとわかります。

答え　3回

## 🐔 チャレンジしてみよう！

🐣 解いてみよう！の問題で、このデータの中央値は何回ですか。

お子さんに教えたいアドバイス！で述べたことに注意して求めましょう。

このデータの個数は、偶数（12）です。この場合、データを小さい順に並べたとき、中央にくる2つの平均値を、中央値とするようにしましょう。中央値は、次のように、2.5（回）と求められます。

0　0　1　1　2　(2　3)　3　3　3　4　5

中央値
「2と3の平均値」　中央値は
（2＋3）÷2＝2.5　　答え　2.5回

---

## 🐣 解いてみよう！

生徒28人の50m走の記録を調べたところ、次のような結果になりました。このとき、後の問いに答えましょう。

| | | | | | | |
|---|---|---|---|---|---|---|
| 8.8秒 | 9.1秒 | 8.0秒 | 9.7秒 | 10.0秒 | 8.6秒 | 9.3秒 |
| 9.0秒 | 7.4秒 | 8.2秒 | 8.5秒 | 9.6秒 | 9.4秒 | 9.9秒 |
| 8.3秒 | 8.9秒 | 8.7秒 | 10.2秒 | 9.4秒 | 9.5秒 | 7.7秒 |
| 9.1秒 | 7.9秒 | 10.4秒 | 9.0秒 | 8.1秒 | 9.8秒 | 8.5秒 |

生徒28人の50m走の記録を、右の度数分布表に表しましょう。

| 時間（秒） | 人数（人） |
|---|---|
| 7.0 以上 ～ 7.5 未満 | 1 |
| 7.5 ～ 8.0 | 2 |
| 8.0 ～ 8.5 | 4 |
| 8.5 ～ 9.0 | 6 |
| 9.0 ～ 9.5 | 7 |
| 9.5 ～ 10.0 | 5 |
| 10.0 ～ 10.5 | 3 |
| 合計 | 28 |

## 🐔 チャレンジしてみよう！

🐣 解いてみよう！の生徒28人の50m走の記録を、柱状グラフに表しましょう。

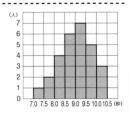

---

# 場合の数・データの調べかた
# まとめテスト
本文148〜149ページ

※何度も復習したい方は、直接書き込まずノートを使うとよいでしょう。

**1** 1、2、3、4の4枚のカードがあります。このとき、次の問いに答えましょう。
［各12点、計24点］

（1）この4枚のカードのうち、2枚を使って2けたの整数をつくるとき、2けたの整数は全部で何通りできますか。

十の位が1のときの樹形図は、右のようになり、3通りできます。
十の位が2、3、4のときもそれぞれ3通りずつになります。

十の位　一の位
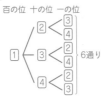
3通り

だから、全部で3×4＝12通りです。

答え　12通り

（2）この4枚のカードのうち、3枚を使って3けたの整数をつくるとき、3けたの整数は全部で何通りできますか。

百の位が1のときの樹形図は、右のようになり、6通りできます。
百の位が2、3、4のときもそれぞれ6通りずつになります。

百の位　十の位　一の位
1
2 〈3 4〉
3 〈2 4〉
4 〈2 3〉
6通り

だから、全部で6×4＝24通りです。

答え　24通り

**2** A、B、C、D、E、Fの6人がいます。この6人の中から4人を選ぶ組み合わせは何通りですか。
［13点］

「ABCD」「ABCE」「ABCF」「ABDE」「ABDF」「ABEF」「ACDE」「ACDF」「ACEF」「ADEF」「BCDE」「BCDF」「BCEF」「BDEF」「CDEF」の計15通りです。

答え　15通り

---

**3** 14人の生徒に、5問の計算テストを行ったときの正解の数を、ドットプロットに表すと、右のようになりました。このとき、後の問いに答えましょう。
［各12点、計24点］

（1）このデータの中央値は何問ですか。

このデータの個数は、偶数（14）です。ドットプロットから、データを小さい順に並べたとき、中央にくる2つの平均値を中央値とするようにしましょう。中央値は、右のように、3.5問と求められます。

0　1　2　2　3　3　(3　4)　4　4　4　5　5　5

中央に3と4が並ぶ
→3と4の平均値が中央値
→（3＋4）÷2＝3.5（問）

答え　3.5問

（2）このデータの最頻値は何問ですか。

データの中で、最も個数の多い値が最頻値です。ドットプロットをみると、最頻値は4問だとわかります。

答え　4問

**4** 25人の生徒に、50点満点の算数テストを行い、その結果を度数分布表に表すと、右のようになりました。このとき、後の問いに答えましょう。
［各13点、計39点］

| 点数（点） | 人数（人） |
|---|---|
| 0 以上 ～ 10 未満 | 3 |
| 10 ～ 20 | 5 |
| 20 ～ 30 | 8 |
| 30 ～ 40 | 6 |
| 40 ～ 50 | 3 |
| 合計 | 25 |

（1）20点未満の人は、合わせて何人ですか。

度数分布表から、0点以上10点未満の人数（3人）と、10点以上20点未満の人数（5人）をたすと、20点未満の人数が、3＋5＝8（人）と求められます。

答え　8人

（2）30点以上の人は、合わせて何人ですか。

度数分布表から、30点以上40点未満の人数（6人）と、40点以上50点未満の人数（3人）をたすと、30点以上の人数が、6＋3＝9（人）と求められます。

答え　9人

（3）20点以上40点未満の人は、合わせて何人ですか。

度数分布表から、20点以上30点未満の人数（8人）と、30点以上40点未満の人数（6人）をたすと、20点以上40点未満の人数が、8＋6＝14（人）と求められます。

答え　14人

# 小学校6年分の総まとめ
## チャレンジテスト

本文150〜151ページ

※何度も復習したい方は、直接書き込まずノートを使うとよいでしょう。

**1** 次の計算をしましょう。
[各5点、計20点]

(1) $38×(6+760÷95)$
$=38×(6+8)$
$=38×14=\underline{532}$

(2) $40.5÷1.5-7.7×2.1$
$= 27 - 16.17$
$=\underline{10.83}$

(3) $\frac{3}{4}+\frac{5}{6}-1\frac{1}{3}$ →通分
$=2\frac{9}{12}+\frac{10}{12}-1\frac{4}{12}$
$=1\frac{15}{12}=2\frac{3}{12}=2\frac{1}{4}$

(4) $5\frac{1}{7}÷0.3×\frac{7}{9}$
$=\frac{36}{7}÷\frac{3}{10}×\frac{7}{9}$
$=\frac{\overset{4}{\cancel{36}}}{\cancel{7}}×\frac{10}{\cancel{3}}×\frac{\cancel{7}}{\cancel{9}_1}=\frac{40}{3}=13\frac{1}{3}$

**2** 28と42の最大公約数と最小公倍数をそれぞれ答えましょう。
[各5点、計10点]

28の約数→1、2、4、7、14、28
42の約数→1、2、3、6、7、14、21、42

28の倍数→28、56、84、…
42の倍数→42、84、…

**答え** 最大公約数… 14
**答え** 最小公倍数… 84

**3** 次の図は、正方形の内側に、円がぴったりと入った図形です。かげをつけた部分の面積の合計は何cm²ですか。ただし、円周率は3.14とします。
[10点]

$6×2=12$ (cm) …正方形の一辺の長さ
$\underline{12 × 12 - 6×6×3.14}$
正方形の面積 | 円の面積
$=144-113.04=30.96$ (cm²)

**答え** 30.96cm²

**4** 次の立体は、底面の形がひし形の四角柱です。この立体の体積は何cm³ですか。
[10点]

$5×10÷2× 7=175$ (cm³)

底面
(ひし形)
の面積 | 高さ

**答え** 175cm³

**5** 次の体積（容積）の平均は何Lですか。
[10点]

| 5400mL、 | 0.02kL、 | 7700cm³、 | 29dL |
|---|---|---|---|
| ‖ | ‖ | ‖ | ‖ |
| 5.4L | 20L | 7.7L | 2.9L |

平均＝合計÷個数
$= (5.4+20+7.7+2.9) ÷4$
$=36÷4=9$ (L)

**答え** 9L

**6** 次の□にあてはまる数を答えましょう。
[10点]

「5.5mの3%の長さ」は「□cmの1割5分の長さ」に等しい。
5.5m ＝550cm。「550cmの3%（0.03倍）の長さ」は$550×0.03＝16.5$ (cm)
「□cmの1割5分（0.15倍の長さ）」が16.5cm」だから、
$□＝16.5÷0.15＝110$

**答え** 110

**7** ある人が時速$x$kmで、6kmの道のりを歩いたところ、$y$時間かかりました。次の表は、そのときの$x$と$y$の関係を表したものです。このとき、$y$は$x$に比例していますか、反比例していますか。
[10点]

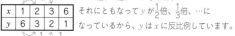

$x$が2倍、3倍、…になると、それにともなって$y$が$\frac{1}{2}$倍、$\frac{1}{3}$倍、…になっているから、$y$は$x$に反比例しています。

**答え** 反比例している

**8** (1) あ、い、うの3枚のカードのうち、2枚を並べる並べかたは何通りですか。
[各5点、計10点]

あーい あーう いーあ
いーう うーあ うーい
の6通り

**答え** 6通り

(2) あ、い、うの3枚のカードのうち、2枚を選ぶ組み合わせは何通りですか。

あーい あーう いーう
の3通り

**答え** 3通り

**9** 右の度数分布表は、37人の算数テストの結果を表したものです。度数分布表の、アの人数とイの人数の比が2：3であるとき、アとイにあてはまる数をそれぞれ答えましょう。
[各5点、計10点]

| 点数（点） | | 人数（人） |
|---|---|---|
| 60以上～ | 70未満 | ア |
| 70 ～ | 80 | 10 |
| 80 ～ | 90 | イ |
| 90 ～ | 100 | 7 |
| 合計 | | 37 |

全人数（37人）から、70点以上80点未満の人数（10人）と90点以上100点未満の人数（7人）を引けば、アとイの合計の人数が求められます。
$37-（10+7）＝20$ (人) … アとイの合計の人数
$20÷（2+3）＝4$ … 比の1つ分
$4×2＝8$ …ア（比の2つ分）
$4×3＝12$ …イ（比の3つ分）

**答え** ア…8
**答え** イ…12